BLACK SWAN 黑天鹅图书

为 人 生 提 供 领 跑 世 界 的 力 量

BLACK SWAN

橙子学院 出品

成为你想看到的改变

古典 主编

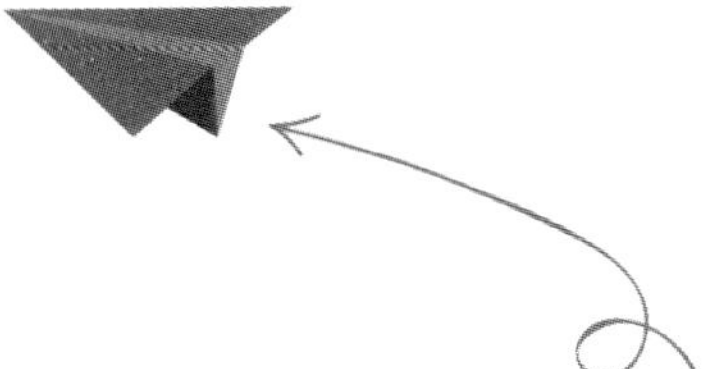

北京联合出版公司
Beijing United Publishing Co.,Ltd.

目　录 | CONTENTS

chapter 01

<走出思维里的迷宫>

chapter 02

<你都不知道自己要什么，还好意思说奋斗>

chapter 03

<有一个怪圈叫“越努力越迷茫”>

chapter 04

<成长也会有套路>

chapter 05

<那些“功利的世界”教会我们的事>

CHAPTER
01

走出思维里的迷宫

如果非要定义成功，
就是“用持续有成就感的方式过一生”。
有“成就感”的前提是，
你要对这件事情“有感觉”；
“持续”的前提是，
你需要不断地精进自己的能力；
“过一生”意味着，
在人生不同阶段的成就感不同，
你的成功标准会不一样。

有很多种牛 × 的人生，和赚钱没什么关系

古　典

王健林因为那个“先要订一个小目标，比如挣到 1 个亿”火了。大家开启群嘲讽模式，各种调侃“小目标”。但是在讲完以后，谁都有点心酸，就好像两个人在聊天，一个人说我想当艺术家，另外一个人就呛他——你怎么不上天呢？

其实他们俩谁都知道，谁都上不了天。

1 个亿的确不太可能是普通人能达到的高度，但是世界上有很多很多成功和 1 个亿没有关系。下面试着列举几个。

1. 极客模式 / 工匠模式：掌握一门手艺，成为最优秀的人

日本有寿司之神；新加坡有油鸡饭王子陈翰铭，在 2 平方米的

小摊做了 32 年的油鸡饭——做小贩做到米其林厨师，你说成功不成功?

有些手艺现世就能获得好处，有人欣赏，有些则经年隔世。

曾经被朋友邀请去过北京的古观星台，靠近真实的青铜器，看到上面雕刻的龙的鳞片实在太细致，忍不住伸手去摸。朋友喊：“小心！”我以为是不让摸文物，朋友解释说：“鳞片边缘非常锋利，很多人摸完都拉到了手——当然，理论上也不让摸哈，你矜持点。”

那一瞬间，我退后一步，认真端详着，隔着 500 年发出敬意。你说成功不成功?

各种手艺人、极客、专业人士，都是这个模式。

2. 从手艺人到斜杠，再到大师

一门手艺背后有道，把这个道再提取出来，带着名声和技术迁移几个领域，就变成了斜杠模式。

前几天听三藏梵音，创始人三藏原来是《同一首歌》的音乐总监，修炼佛法 10 年以后，开始用音乐的方式传递佛法，是个大斜杠。

更牛的斜杠就成了大师——齐白石原来是个雕花木匠，后来书画、雕花都是大师级的水平；沈从文原来是作家，新中国成立后不让写字，去故宫博物院安心研究文物，写了《中国古代服饰研究》，成为文物大家。

斜杠的终极形态就是大师。

3. 不原创，传承一个牛 × 的东西

也不一定都要原创，传承一样伟大。带着自己的温度传承下去，传播出去，这也很成功。《我在故宫修文物》里的文物修理师传承古代文物；玄奘法师传承佛法；翻译家傅雷、许渊冲传承西方文化。

继由源头的伟大，他们也很成功。

4. 为什么一定要当第一，老二一样很成功

郭德纲和于谦，郭德纲名声大，光环足，弟子多，一个人拯救了传统剧场相声的赶脚。郭德纲排第一，是为成功。

但于谦压力小啊！活得简单，舒服痛快，没有焦虑。你有机会看他写的《玩儿》，从玩鸟、玩狗到玩马，无一不精通。德云社的事务不操心，生活质量比郭德纲高了不知道多少倍。你说成功不成功？

费玉清和蔡琴是台湾乐坛的两棵常青树——蔡琴走的是第一名模式，费玉清走的就是“老二哲学”。自己是大牌，但是从来不压

轴，总是站在同时代的所有牛人旁边，刘文正火了跟刘文正，刘德华火了跟刘德华，周杰伦火了跟周杰伦。30 多年，稳稳当当，常年不倒。

这种生存哲学，你说成不成功?

5. 一定要自己很牛 × 吗? 帮助他人一样很成功

我的好朋友和老师杜爽 2008 年开始和陆小娅老师一起创办歌路营，一开始聚焦青少年成长问题和生命教育，这几年慢慢聚焦农村学生的心灵陪伴。

他们在学校架起扩音器，给晚上睡不着的孩子播放故事。一个农村小学生 6 年在学校的夜晚，正好是 1000 多个夜晚，这个项目叫“一千零一夜”。2014 年起，歌路营持续升级，用互联网的方式开始推动项目。2016 年，1500 多所学校的 40 多万孩子，每天晚上听着故事入睡。

杜爽不是那种自己活得苦哈哈的公益人，她还做咨询，开发好玩的新产品，同时画画也极漂亮。

你说她成功不成功?

6. 照顾好身边人也很成功

助人者心量大，但有些人小小的也很美丽。

我的一个好哥们儿比我大 3 岁，是某公司的合伙人，送老婆孩子去美国读书半年，会抱头痛哭；晚上约他出来吃饭，说“不行，今晚我女儿生日，我要为她录一首歌”……

他的人生半径不大，但是圈子里每一个都是精品。有幸出现在他的朋友圈子里，我觉得他很成功。

7. 成为终极个体——精神自由又有趣，也很成功

王小波、罗素、宗萨钦哲仁波切……我把这些人归成一类，他们的一辈子就是为了追求心理和精神的自由、人生的有趣。

王小波说：“我活在世上，无非想要明白些道理，遇见些有趣的事。倘能如我所愿，我的一生就算成功。”

这些人也活得成功。

还有太多太多牛 × 的人，服务于一个有使命的组织，尝试了所有的可能……我之所以神经病般地列出来这么多成功的方式，无非是想说明一点：除了 1 个亿，成功有十万八千法门。

你肯定成为不了王健林，也没必要。因为你有自己的成功方式。

如果非要定义成功，就是“用持续有成就感的方式过一生”。

有“成就感”的前提是，你要对这件事情“有感觉”；“持续”的前提是，你需要不断地精进自己的能力；“过一生”意味着，在人生不同阶段的成就感不同，你的成功标准会不一样。

到底该怎样选择自己的成功标准呢？

1. 开眼界：多看些人，人是成功模式的入口

很多人会建议你先观察自己的内心。但是据我观察，大部分人的梦想入口，并不是通过观察内心，而是观察一个榜样。这个人活出了你想要的样子，我们就恍然大悟——看看有多少人希望成为“××界的乔布斯”就知道了。

在成为自己之前，你可以憧憬自己在这个方面像谁一样，那个方面像谁一样。

所以，要多看人，多看自己真心欣赏的人。在梦想层面，人是入口。

千万不要看名人，他们的路径一方面被粉饰过，一方面太久远，根本不可信。

我的经验是 7+3，选方向，看比自己大 7 岁左右且欣赏的人；选技术，看比自己早做 3 年且成功的人。

2. 多体验：体验才是成功模式的确认

看了一圈人，你会慢慢地有些发蒙，好像他们都过得很好，在

和每个人都聊完以后，你还是无法决定。这个时候，只有体验——自己试试看。

前几年雾霾，有不少人“呼呼”地逃离北上广搬去大理；半年以后，一部分人留在那里，很多人又实在适应不了，又“呼呼”地搬了回来。有人嘲笑他们幼稚，但我心存敬意：这是一群真正敢拿自己生命试错和体验，并且愿意承担结果的人。

这么一折腾，他们对于自己想要的生活更加了解了，以后选择时不会容易错。即使折腾一次，但是比起那些一开始想要去，然后持续着这个想法，肉身却在北京煎熬了 3 年的人来说，真是痛快多了。

探索成功模式这条路上，没有直路，只有不断试错，体验是必要的付出。

3. 提能力：持续提高自己的能力与资源

成功有很多模式，但是平庸往往只有一种模式——缺乏独立思考的能力。

下意识，随大流。按某个你其实并无竞争力，也无成就感的主流模式积累能力和资源。你一边走，一边怀疑：“这对吗？”周围的人告诉你：“别想太多啊，都这么做的，先推进！”等你醒悟的时候，你已经耗费完资源，深陷其中，没法玩儿你自己那套了。

所以，平庸模式是“用持续让别人有成就感的方式过一生”。

作为一条狗，参加一场兔子的“胡萝卜”杯比赛，是不是傻呢？

99% 的人都没有真正理解过二八原则

古　典

我在《不确定时代的职业发展策略》这篇文章中讲了很多话题，包括不确定时代的三大趋势、三大策略和五个关键词，这些都是大方向。而这一次我要讲的是——如果是这个方向，我们该做什么事情抓住这个方向？我们如何能更快地成长，更快地进化，才能跟得上这个玩法？

这篇文章分享的五个“个人成长的正确姿势”，可能会有点儿刷你三观，但成长最享受的，不也正是这个过程吗？

成长的信念：你不知道的二八三次方原则

讲这个话题可能会有一堆小伙伴说："哎呀，这个我太熟悉了，就是'20% 的事情会有 80% 的收益'，比如 20% 的朋友会占用你 80% 的时间，20% 的客户会带来 80% 的收益嘛。"

那我讲深一点。

二八原则最基础的用法就是"在一件事中做 20% 最重要的"。但是当你手头有 3 ～ 5 件重要的事情时，你该怎么做呢？

我举个例子，任何一个优秀的培训师一般来说都需要五项能力：专业知识、课程设计能力、呈现能力、人格魅力、持续学习与更新的能力。那么，如果要提升的话，你会怎么玩儿呢？

传统的好学生会这样想——我用 20% 的时间提高专业能力的 80%，然后再用 80% 的时间把剩下的 20% 补上。这听上去是不是很踏实、很伟大，把事情做到了极致呢？

其实还可以有另外一种玩法：一个老师完全可以各花 20% 的时间把每一项提高到 80 分，这样他同样花了 100% 的时间，收获的是 5 个 80 分，也就是 400 分。

那么，你觉得到底是投入 100% 收获 100 好，还是投入 100% 收获 400 好呢？

如果有人说："老师，我就是特别希望用 20% 的时间做到 80%，然后再用80%的时间去死磕剩下的20%。我就想要一个极致的精进，这是不是可以呢？”

抱歉，答案也是不可以。

因为二八原则真正的顶级用法是：二八三次方原则。

什么是“二八三次方原则”？我用小学数学告诉你。理工科不好的同学请自行跳过，翻到两段之后直接看结论。

想象一下，我用 20% 的努力就可以拿到 80 分，那如果我在 20% 里面，又挑出来最核心的 20% 的话，那么我只需要付出 20% 的 20%，也就是 4% 的努力，就能获得 80% 的 80%，也就是 64 分的回报。也就是说——这时候我只需要付出 4%，就能获得 64 分的收益了。

我还可以再进一步，只做上面 4% 里的 20%，也就是 0.8%，就可以获得 64 分的 80%，也就是 51.2 分。也就是说，我只付出了 0.8%，就收益了 51.2 分。这是我付出 100% 收获 100 分的多少倍呢？——64 倍！

所以简单来说，你应该不断发现并追求在一个系统里面更加精华的部分，这样你的效能才会比别人高很多倍。

数学没看懂的，给你举一个简单的例子：很多人都好奇，我怎么能看那么多书、怎么能做那么多事、怎么能写那么多文章，而且，每次讲课还有新东西。其实，我就是用二八原则的三次方做到的。

比如，我想要快速了解一个行业，只要一晚上就够了。那么我是怎么做到的呢？

首先，我绝不一开始就看书，绝不会买本什么入门书。我会打电话，找一个这个行业内的专业人士，然后问他列好的三四个问题，最后再请他推荐给我一两本经典的入门书，以及一两本目前比较流行的概念书。这样我给两三个人打过电话以后，就会拿到一个行业的入门书和热门书清单。

请注意，刚刚的过程就是在进行第一次二八原则：我在找最核心的人拿到 80% 的信息。那么，这些书我要不要直接看呢？不要，我会先去浏览一本书的豆瓣页面，把排名前三的好评和差评全看完，这样基本上大众关于这个领域的两派思想我就都了解了。

那这个时候还要不要看书呢？还是不要。继续去看第二本书、第三本书……你会发现，有一些观点会被重复提及，那这些观点一定是这个领域里面最核心的观点。还有一些观点良莠不齐，听上去各有优点、缺点，这些东西你可以记录下来，等到第二天的时候，再把这些想法和对于观点不同的说法，丢给那些专业人士。

一般我那些朋友会问：“哇，你怎么会问这么深的问题？你真是太聪明了！”其实不是我聪明，这只是我的第二个二八原则。

我承认，这样没有精读一本书好，但是书里面的精华对于我来说已经够了。接下来，书和书之间的趋同点，自然就不用去管，你只要再针对其中的不同点问一两个人，基本上能回答这些细微区别的人，就是真正的第三层二八高手。

的确，我这样成不了真正的专家，但是“显得很专业”是绰绰有余了。我基本上花 1 的时间就掌握了别人 64 的精华。

所以，我看到很多人开始立志学习管理，一列就列出几十本的管理学书单，我心里其实想说：这个法子不是不对，而是笨。你可以不努力，但是你不能笨，因为在这个年代，你一定要确保你读得过一台电脑。

作为一个人，在做任何事情的时候，你都要相信，只要这个事情是活的，就一定有比当下更有效的方法；如果一定有比你当前的信念更加有价值的方法，你就一定要努力再往前精进一点。

我本人就有这样一个特别朴素的信念：这个世界上一定有比我当前更好的方法，有比我当前更好的活法，我虽然不知道这个问题的答案，但一定有更加精妙地解决这个问题的方法。只有你时常抱有这样一种心态，才会永不停止地成长和进化。

成长的态度：眼界、思辨、开放

底层的信念讲完，聊聊态度层面，这决定了你将如何看待成长这件事。

在这个信息爆炸的时代，很多同学把自己活成了“北京的哥”（出租车司机）的思维方式。

“北京的哥”有个特点就是，他什么都懂，你跟他说“哎，这几天台湾‘大选’怎么回事啊”，他能跟你说几句；你跟他说“哎，鲁能能不能赢球啊”，他也能跟你说几句。但是当所有这些问题问到第三句时，他就完全不知道了。

很多人的知识结构，其实就很像出租车司机，什么都懂一点，特别宽泛，但是什么都不太深入，所有的知识深度仅仅到知道的程度。

但是一个人牛不牛，其实并不是看他知道多少事情，而是取决于他能应用多少知识。

我讲到这里可能很多人会躺枪，电脑里边存了 200 多 G 的英语资料，却从来不看；订阅号存了 100 多个，却从来不点开。有些所谓的事事通，其实他的知识也就是百度搜两次的量，这其实没有任何的意义。

那么，怎么做才是正确的呢？

第一，眼界确实要开阔。

多涉猎并没有错，这样你才总能找到二八里面重要的地方，不然你根本没有机会看到这个东西。

第二，眼界开阔，但不要犯不独立思考的错。

眼界开阔的同时，得有思辨的能力，否则你就是一个节点，而不是一个可以思考的人。其实朋友圈 99% 的谣言只要你能百度一下，基本上就不会往下传了。但是大部分人都把自己的脑子当垃圾桶，上面一扔，下面就直接从嘴巴里面出来了。

第三，独立思考，但也要保持思想的开放性。

当你思辨的时候，要警惕自己变得不开放。也就是说，你一开始独立判断，就容易总是以某一个维度判断，那么新东西就进不来，而你也没办法进行下一轮的眼界、思辨、开放。

成长的层次：从小白到高手的四个阶段

第三个要分享的是一个极其经典的学习模型，它告诉我们，学习有四个阶段：

“知”代表知识、知道，“能”代表技能、能力。

第一个阶段叫作无知无能——你既不知道怎么做，也做不好。

第二个阶段，你学到一定程度变得有知无能——你知道该怎么做，但是你做不好。

第三个阶段，你通过不断的练习，开始有知有能——当你认真做的时候，你就能做好，也就是注意力集中的时候你就能做好。

最后一个阶段，随着你不断地重复做这个事情，你进入无知有能的境界——你不用刻意做，也还是能做好。

比如骑单车，一开始既不知道该怎么骑，也骑不好。这时候你爸跟你说："眼睛看着前方，两脚互相交错蹬，不要往下看。"你进入第二个阶段，有知无能。你知道该怎么骑了，但是你还是骑不了。接下来你爸说："我在后面扶着你，你试试看。"于是随着练习时间的增长，你开始有知有能，当你注意力集中的时候你就能骑好。而到最后一个阶段，也就是今天，你可以一边骑自行车，一边听歌，一边发呆也不会摔下来——你无知有能了。

所有的能力都是这样逐渐练成的，不管是讲课的能力、写作的能力，还是管理的能力，都有这四个阶段。

从无知无能到有知无能，主要靠学习。

从有知无能到有知有能，主要靠练习。

从有知有能到无知有能，主要靠反复练习。

正是因为这样，橙子学院为每位老师设计课程的时候，都要求他每节课后面设置足量的练习与互动，希望练习和作业有人点评、有人审查。只有这样，才能真正得到提升。

大部分人之所以一直都练不好某个能力，就是因为他特别容易地度过了从无知到有知的过程，却很难迈过从有知无能到有知有能的过程。

为什么？因为学习是有瞬间快感的，一学就会，一听就懂，但是练习却是一个持续、缓慢而又渐进的过程，甚至充满着挫败感的过程。如果这个人受不了挫败感，他就一点都不愿意练习了，更不要谈熟练了。

到今天，可能在好多领域，你都有了眼界、观点、思辨，却根本就没有一点技能，就是因为你太享受学习的瞬间通透感了，根本受不了练习阶段充满挫败感的一板一眼的死磕，更不要说你会重复到自己无知有能了。

成长的方式：721 法则

上面讲要学习，也要练习，那么正确的比例是多少呢？

答案就是“721 法则”——你大概需要花 70% 的时间练，20% 的时间与人沟通和讨论，10% 的时间自己去学习。

也就是说，如果你花了 1 小时去学某样东西，那么你可能需要花 2 小时去跟别人交流、讨论这件事情，还要花 7 小时独自练习。这样的比例，才是一个从知识到技能的过程。

学习的境界就是，一开始的时候学会知识，叫上脑；注意力集中的时候能做到，叫上心；而注意力不集中的时候也能做到，叫上身。从上脑到上心再到上身，就是一个 721 的过程。

这也是为什么我们说成长不应该是一件孤零零的事情，而一定是一个群体才能达到的。一分学我可以帮你，但是有两分你必须和朋友聊起来，有七分你必须找人对练，因为很多技能都是需要来回互动的。这也是为什么橙子学院一定要做会员制，带着一群人去练。

成长的系统：导师 & 伙伴 & 竞争者

基于以上所有，你需要一个自己的成长系统。一个比较完美的个人成长系统应该包括以下 5 项。

榜样。你瞻仰他，但你自己可能达不到他的水平。他很难指导你，但他能像灯一样照亮你。

导师。他可能不像榜样那样离你很远，但他能在你遇到问题的时候拉你一把。

见证人。比如在国外大学毕业的那一天，父母是一定要到现场的，因为生命的某个环节，你是需要见证人的。每个人都需要自己的见证人，来见证自己的成长。

伙伴。他能一直陪着你，而且这种陪伴的力量是非常强大的。

竞争者。他能够不断地刺激你，让你更有斗志，思路更加清晰。因为人是在恰当的张力之下才能做出最好的东西，仅仅陪伴是不够的。

但是有人会说：“哇，老师，这个五人系统好难找啊，即使在橙子学院我也不一定能搭得上。”所以呢，我帮你做了一个简化版的“三人系统”。这三人系统，我建议你务必要找到。简单来说就是：

导师：能在前面拉你一把的人。导师和榜样可以是一体的。

朋友、伙伴：在关键时刻推你一把的人。

竞争者：不断挑战你，不断刺激你，而且你也可以以 TA 为标杆，不断努力，取得成就。

你可以从导师那里获得力量和知识，从竞争者那里获得动力，从伙伴那里获得温暖。

一个人如果能搭建这样一个三人系统，就不会孤独了。所以，我祝愿每一个橙子学院的小伙伴，都有机会找到这三个人，或者是这三种人。

所以说——

二八的三次方原则：带我们进入成长的高效能区，这种永远可以更好的信念，让我们不断往前再精进一点。

眼界开阔、独立思考、保持开放：是我们要一直践行的成长态度，放、收、再放的过程缺一不可。

无知无能、有知无能、有知有能、无知有能：是练成任何技能必经的四个阶段。尤其要警惕，不要只享受获取知识的快感而拒绝练习时笨拙的开始，这样永远无法成为高手。

721 法则：一分学习、两分交流、七分练习，这才是学习与练习的正确比例。

三人成长系统：它告诉我们，成长一定要找到三个人的支持系统：一个是导师，指点你；一个是伙伴，陪伴你；一个是竞争者，不断地挑战你。

成长其实永远没有舒适区。所谓的精进，就是一个持续的、快乐的、保持不适的过程——成长过程是那么不适，但是结果又是那么愉快。

我希望和大家一起在这种愉快的不适感中持续进化，看到更系统、更精妙的方案，一次一次地让自己的生命升级。

如何用一套简单的思考方法，做好大部分选择

Chiuson

生活中，我们无时无刻不在做选择。

大的方面，文理分科、高考志愿、工作、择城、择偶、购房、投资……每一次选择都可能极大地影响你的人生轨迹。

小的方面，买哪件衣服、在哪儿吃饭、去哪儿旅行、看哪个电影、跟别人说哪句话、看哪篇文章……

对，我们无时无刻不在选择。

有的人往往能果断坚定，有的人常常犹豫不决，而且东问问、西问问，遇到意见不一致时常常不知所措；还有的人其实根本没仔细考虑，大的方面常常依靠长辈或前辈的经验做判断，小的方面则基本用拍脑门、凭感觉、看心情来决定，这其实是在逃避

选择。

比如，“我今天心情很好，我要买买买！吃吃吃”“我听说最近新上映的一部电影特别好看，我们也去看吧”“我感觉有点累，我不去参加今晚的聚会了”……

你也许想了一下，觉得没有问题啊，我们身边很多人都是这样做选择的啊。

对，并不是说你的这些选择策略有任何问题，参考别人的意见也并没错，所以你也只是“大部分人”之中的一个罢了。

因为时间的不可逆，我们基本无法验证，当自己做另一个选择时会带来什么样的效果，所以大部分人在很多选择上都懒得思考，直接交给直觉吧，省心！（犹豫不决的人，最后往往也是把选择交给了直觉。）

如果这是你做选择的基本模式，从长期来看，你的人生其实是被这一系列别人的想法、凭感觉、看心情给决定了。

甚至，你周围的人，包括给你建议的长辈，可能也都是这么过来的。结果就是：你的人生基本上被随意的选择绑架了，无论好坏（大多数情况下，只是走向平庸）。

这是因为，我们大多数人都缺乏一套完整的原则体系。

先看看“原则”一词在《原则》这本书里是怎么定义的。

价值观是你认为重要的、有价值的东西，而在生活中若想顺从自己的价值观，我们需要的就是原则。原则连接着你的价值观与行动，它就像指引你行动的灯塔，帮你成功应对现实生活中的条条框框。当面临两难的抉择之时，遵循原则就能迎刃而解。

我的理解是：原则在手，世界我有。

如果你把运动作为你日常生活中重要的原则，下次当你面临“去健身房，还是直接回家”的选择，并且时间充裕时，你就应该果断地选择健身房。

如果你把“持续阅读”作为你的原则，下次你面临“看书还是看剧”的决策时，就应该果断地选择看书。

如果你把“绝不能没有诚信”作为原则，下次当你面临是否要因私事放弃已经约好的商务谈判时，你会果断地选择守约。

别人的意见、自己的心情或直觉，往往都是比较随机的，而原则是明确的。如果你建立了一套完善有效的原则体系，会极大地帮你减少“选择困难症”，你也会过得更加痛快。

那么，我们要如何建立自己的原则体系呢?

1. 先刻意背诵与模仿

首先要知道，既然说是“体系”，那当然不是说一个原则或者几句话就可以说清楚的，有一些根本性的原则甚至是高度抽象化的。

但是，既然知道这些是能改变自己一生的原则，那就不妨用最朴素的方法去学习——背诵与模仿。让这些根本性原则强行进入大脑，如同播下一粒种子，等待其自然地生长、贯通，慢慢开悟。

比如在《原则》这本书里，作者认为的根本原则是:

- Truth—More precisely, an accurate understanding of reality—Is the essential foundation for producing good outcomes.

  真相——具体来说，就是精准地理解现实——这是达成良好结果最重要的根基。

比如《高效能人士的七个习惯》中所说的7个习惯，你也可以当成是原则（最好背诵英文）:

- Be proactive—You are in charge.

积极主动——我的人生我负责。

- Begin with the end in mind—Have a plan.

有目标——有计划。

- Put first things first—Work first, then play.

做事分主次——先工作，后娱乐。

- Think win/win—Everyone can win.

从互赢角度考虑问题——利己利人。

- Seek first to understand—Then to be understood.

先去理解别人——再求被人理解。

- Synergize—Together is better.

协同——合作会更好。

- Sharpen the saw—Balance feels best.

磨刀不误砍柴工——寻求健康和平衡。

2. 有意识地收集与完善自己的原则

根本性原则是原则体系的骨架，要让原则体系丰满起来，覆盖到生活决策的方方面面，就需要有意识地去收集总结自己的很多原则。比如我最近收集总结的一些：

- 花钱能搞定的事，就别浪费其他资源（认清成本的大小）。
- 诚信问题决不妥协（保护个人声誉）。
- 保持开放的心态（接收来自外界更多的刺激）。
- 不轻易在背后议论别人的是非（于他于己都没好处）。
- 保持运动的习惯，进行身体管理（身体是革命的本钱啊）。
- 及时沟通，有想法就表达（别指望让别人去猜你的心思，没这闲工夫）。
- 用输出倒逼输入（对目前的我来说是成长的关键节点）。
- 对周围的人善意（攒人品）。
- 尊重自己的感受（只有尊重了自己，才能真正做到尊重他人）。
- 保留适当的随机性（给惊喜留有余地）。

有时候看到好的文章，如果当中有你认可的原则，也可以一并放进去。比如，武志红老师有一篇文章《坏习惯不是你的敌人》当中提到，减肥这事儿为什么很多人没有成功，就是因为减肥之前没想清楚，让他们减肥的动力是什么。

于是，我就把文章里的观点提炼出来，添加到我的原则清单中：干一件事之前，一定要明确干这件事的目的，并确认自己对目的本身充满干劲。

3. 逐渐对自己的原则进行金字塔式分类

自己日常收集原则时，或许还没来得及分类。完全可以在一段时间后，采用金字塔原理去进行分类，确定哪些是大类，哪些是小类，适用于哪些决策，如果遇到不相容的原则怎么处理，同一级次的原则如何按重要性排序，等等。

比如，采用思维导图或金字塔原则去构建分类，这是我最近对自己收集的原则做的整理。

我理解的是：在原则体系里，大原则基本不变，但小原则应该是随着自己的成长与进步不断地更新与变化。所以分类这件事一定要自己去做，因为每个人的体会与感受不一样，采用的原则自然不一样。

总结一下：

- 生活处处是选择，而我们常常犹豫不决或逃避选择。
- 构建原则体系有助于你做出选择。
- 建立原则体系的朴素方法：模仿与背诵——收集与完善——实践与分类。

破除你的纠结，只需问这一个问题

马华兴

开篇先来一起看个真事儿：

有一个来找我做咨询的朋友，在一个国企做互联网运营。做得很没意思，国企也不太重视互联网。所以问我是否要离开国企，去互联网企业。然后，他果真向几家企业投了简历。

没想到竟然有一家面试通过了，还是行业内不错、有口碑的互联网企业，B 轮融资，去做内容运营，主要就是文案，收入跟国企差不多。

但是，他纠结了。自己所在的这家国企最近也想在互联网运营上发力，他的项目得到了重视。到底是留在这家国企，还是去那家民企？

他必须要在一周内做出选择。

这是一个伯仲之间的选择：如果那家民企是BAT、小米、滴滴，他肯定义无反顾地去了；如果国企的上司一直是他佩服的那个（上司在3个月之前换了），他也就踏踏实实地在国企待着了。

但这些“如果”都不存在。

接到他的电话时，是那家民企的offer通知最后一天，他必须做个选择。他希望我给个建议。

因为我的时间也很短，根本没时间去聊两个公司的具体情况。比如新公司在哪里，部门多大，主管是什么人，怎么跟你说的，画饼了吗，画的什么饼，团队都是什么调性……了解得越多，就越能明确地知道进入公司的生活是怎样的。

逼到最后，我在电话里说，由于时间关系我就问你一个问题，这句话我会重复三遍，请仔细体会：

假如，假如这两个选项，过了两三年以后，你分别都后悔了，那会是什么样？你觉得哪个后悔更能忍受一点？

假如，假如这两个选项，过了两三年以后，你分别都后悔了，那会是什么样？你觉得哪个后悔更能忍受一点？

假如，假如这两个选项，过了两三年以后，你分别都后悔了，那会是什么样？你觉得哪个后悔更能忍受一点？

然后晚上，他就回复，做出了决定。

这句话是面对纠结的猛药。

人们的纠结无非是：

留在大城市打拼，还是回家安稳过日子？

继续创业，还是去打工？

留在传统行业，还是转到新兴行业？

选择跟眼前这位穷矮丑但踏实生活的男人结婚，还是再追那个文艺青年？

……

有时，在跟人聊时，我会把这句话说得更细一点，就是为了让对方仔细地描述两三年以后每个选项后悔的样子。

比如：

A：在大城市打拼两年，职业发展缓慢，收入也没上去，房租又涨了，对象也没定，后悔了。当初回家多稳定，每天能吃妈妈做的饭，唉！

B：回家两年，安定到空虚，整个小城市几乎没什么职业发展可言，全靠关系，每天的生活极其单调，嘴里淡出个鸟来，后悔了。当初如果在大城市闯荡，至少见了世面，再折腾不出成就也有种成长感。

然后比较一下，哪个后悔更好受一点。

这样的提问，能让人有感受上的比较，把未来可能出现的最糟糕的情境直接模拟出来给你看，给你体会。

而这种后悔 A 跟后悔 B 的比较，能让人迅速地做出决策。

有人可能会问，那你为啥不拿美好的未来做比较？比较一下同样是两个选项，假如未来都很美好，哪个更激动人心？

第一个原因是人们对未来的决策思路分两种：

一种叫愿景导向，就是未来有个很美好的愿景，为了这个愿景，再苦也要选。用鸡汤的话说：自己选的路，跪着也要走完。

另一种叫后悔导向，就是未来不一定好，但我们做个选择的目的是不让未来后悔。

愿景导向的人不会在选项上纠结，他们往往都是“傻大胆”，选了就选了。所以他们很少去问知乎，更很少花钱来找我。（当然，不要以为愿景导向就好，他们也会遇到挑战，那通常是盲目的乐观和战略的失败造成的。）

能纠结、纠结、再纠结的人都是后悔导向。一个人纠结，无非就是怕选了 A，结果一切不如意，还要承受好多打击，肠子悔青了；选了 B，同样各种不顺心，遗憾一辈子。这不都是怕后悔吗？

第二个原因是美好 A 跟美好 B 往往很难做出比较。

一个快速成长的互联网主管，跟一个快速成长的投资公司经理，哪个更有成就？太难比较了。

或者，根本不需要比较。都有成就，都好。我们的大脑很难区分幸福 A 跟幸福 B。难怪托尔斯泰说“幸福的家庭都一样，不幸的家庭各有各的不幸”。

但痛苦 A 跟痛苦 B 往往可以比较。一个遇到创业失败的互联网主管，跟一个备受挫折的投资经理，哪个更后悔？人人都有自己的理由和观点来说一说了。

请注意，我的提问是拿后悔 A 与后悔 B 来做比较。而大多数人纠结了之后也比较，他们内心有两个小人在对话，但是他们是拿 A 选项的后悔跟 B 选项的美好来比较。想想你纠结时的内心对话吧。

“万一在国企待的时间长了，就弄个户口，还得好多年才能离开，自己的热情都磨没了，能力也没了，同学们在 ABC 公司都是总监了。哎呀，要是当初去了 ABC，我现在也是总监，月薪 50 万，那可怎么办？”

这种比较，怎么比也比不出个子丑寅卯来。因为这种比较不对等。

坏的，只能跟另一个坏的比。

所以，当你面临几个选项，要在很短时间内做出选择，而来回纠结时，不妨问自己这个问题：

假如，假如这两个选项，过了两三年以后，你分别都后悔了，那会是什么样？你觉得哪个后悔更能忍受一点？

最后，我们做沟通咨询，就是提问跟着提问，越问越给人启发。这个问题的后边，我还会跟着另一个提问，这很重要。

那就是——

假如，你不想让那个特别后悔的后果发生，面对当下这两个选项，你会做点什么？

这是一个让人变得积极主动的问题。

你总能做点什么的。

牛人都是如何思考的？5 个让你受益终生的思维习惯

韩大爷的杂货铺

最近，有位读者朋友发来简信问我：“你说是什么让某些人与我们平凡人不同，让他们更加出色？”

我答道：“是思维方式。”

读者又问：“那又是什么让我们与他们之间的不同越发明显，差距越来越大？”

我想了想：“是习惯。”

读者朋友问到了点子上，我却回答得意犹未尽。今天，就与大家分享几个能让我们受益终生的思维习惯。

思维习惯一：放下固有成见，客观冷静地分析事物

记得读大学时，一位老师曾在授课中对我们说：“如果有哪句话值得送给大家，并能对大家产生长久影响的话，我希望大家能在日后的学习、生活与工作中时时刻刻提醒自己：千万不要对任何事物抱有成见。”

这里的成见，指的是现成的看法与既有的观念。

当我第一次听到这句话时，觉得稀松平常，并没多大的体会。但在那之后的很长一段实践经历与生活体验中，我渐渐明白了这句话的价值与分量。

我们生活在大圈套小圈的多层文化环境中，很容易在脑海中对某些事物或人形成一种概括固定的看法，并把这一看法推而广之，而忽视个体的差异，这在传播学领域被称为“刻板印象”。

这种标签化的思维习惯，有时能帮助我们更加方便快捷地认知与判断，但更多时候，它成了一种思维枷锁，凝结成我们前行路上的阻碍。

比如，我们常常先入为主地认为：男人有钱就变坏，女人穿得清凉些就是作风不良，长得丑的人都比较靠谱，学历低的人都比较肤浅等。

然而，这些观念很多时候是别人灌输给我们的，更多的时候仅仅是我们的自以为是。当我们抛却成见，客观冷静地进行一番观察与分析后，会发现事实往往会给固有观念一个截然相反的答案。

刻板、成见是个害人不浅的东西，它不仅让你变得偏执而封闭，目光短浅，更会殃及你思维的独立性，影响你与他人良性关系的建立。如果有哪种思维习惯是需要最先确立起来的话，我想，客观冷静地分析事物的意识当仁不让。

思维习惯二：用尽办法，迎难而上

曾经在知乎上看到一条热门提问：在情商高的人眼中，这个世界是怎样的？

有这样一条回答简短而深刻：没有什么问题是不能沟通的，没有什么矛盾是不能解决的。

面对困难，首先想到的是情绪宣泄与逃避，这是人类的本性。然而一个人能走多远，取得多大成就，基本上就要看你能在多大程度上克服各种“人之常情”。

有这样一个小故事：一个小男孩在搬石头，父亲在旁边鼓励孩子，只要你全力以赴，一定搬得起来。最终孩子未能搬起来，他告诉父亲：我已经拼尽全力了。父亲答：你并没有拼尽全力，因为我在你身边，你都没有请求我的帮助。

这个故事告诉我们，所谓迎难而上解决问题的意识，就是态度上要乐于沟通，手段上要穷尽一切可能。

很多时候，看似山穷水尽，但只要多往前探一步，多问一句，多做一些，一切都会大不同。

所以说，你如果想要使人生获得质的改变，就要从此刻起为自己确立一种积极的解决问题的意识，告诉自己不要犹豫、不要拖延，勤于沟通，立刻行动。

嘴勤的穷人能问出金马驹，腿勤的匹夫能跑出 3000 里。

思维习惯三：富人思维

是什么原因导致富人越来越富，穷人越来越穷？是手里掌握资源的多少，还是他们接受教育水平的高低？我承认这都是一些现实因素。然而，真正让穷人与富人拉开距离的，是看待事物和分析问题的思维角度。

那么，富人与穷人看待问题有什么差别呢？

我们穷人，或者说普通人，是手里有多少资源，才敢做多大的事情。

而富人，是脑子里先想到要做一件什么事情，目标定下了之后，才开始考虑要怎样筹措资源。

富人思维是把“目标”和“资源”之间的逻辑关系倒转了过来，使得他们不会被一些看似无法逾越的门槛限制住。因为有这种思维，所以没有什么能够拦得住他们做任何事：没人可以请，没钱可以借，不懂可以外包，限制可以规避，敌人可以和好，对手可以买通。

总而言之一句话：办法都是人想出来的。

而我们在做事前，总会瞻前顾后，永远觉得自己的积累还不够，时机还不到，方法还需研究，经验还要再学习，任何因素都能成为阻拦我们去做一件事的理由，我们眼中的世界，到处是羁绊与红线。

所以说，在你还没有成为所谓的成功人士之前，不妨去观察一下他们是如何想事情与做事情的。想成为什么样的人，不妨先去模仿那样的人。

思维习惯四：用简单的经济学模型，理性决策

我们遇到问题的时候，情绪化的东西很容易主导我们的选择。在评判一件事到底该不该做、该怎么做时，也常常是感性占上风。

其实，如果稍微运用一下经济学工具，就可以帮我们更加理性

地看待和解决问题，效率也会高很多。

比如运用我们都听说过，但大部分人可能都没有用过的“SWOT 分析法”，描绘事情的不同侧面，可以帮你把一个问题看得更清楚。

什么是SWOT 分析法？不了解的可以去搜索一下，简单来说，SWOT 可以拆分为S、W、O、T，分别对应英文单词strengths、weaknesses、opportunities、threats，意思分别是优势、劣势、机会和威胁。

也就是说，如果你在纠结一件事儿要不要做，先想清楚做这件事时你的优势、劣势、机会和威胁分别是什么，各方权衡比较之后，答案或许就很明显了。

当你把SWOT 分析法运用到现实生活中，面临决策时，会得到一个更加理性和平衡的结果。这可比抛硬币、掷骰子一类的要靠谱得多。

思维习惯五：交换之前，先考虑对方的真实需求

不得不承认，你我都生存在一个十分功利化的时代，而这个时代最突出的法则便是“交换”。这里的交换是个中性词汇，并不等同于潜规则，它包含物质与精神两方面的互通有无。

所以说，从本质上来看，想让别人帮助你做某事，或者你想

通过努力获得收益，就必须搞清楚你所拥有的筹码与对方的现实所需。

假如你口渴难耐，忍无可忍，只需要一杯水。而你的好友对你感情至深，他起早贪黑为你蒸了整整一大锅馒头，走了十万八千里路，磨破了九百多双鞋送到你的身边，这对你来说是怎样的体验？

你肯定觉得这是在开玩笑。而生活中的我们，却经常会不自觉地犯这种错误。有时候，不是我们不够真诚，更不是努力不够，而是没有考虑到对方的真实需求，把劲儿用错了方向，最终做了无用功。

你的老板聘用你，他需要的是你为他创造出实实在在的利润收益，所以面试时，你大肆鼓吹你的学历、荣誉、人生感悟和职业规划，都不如切中要害地告诉他你能为他的公司带来什么益处，更能受到他的青睐。

你的爱人选择你，证明你已经得到了她的认可，此时她最需要的是你传达给她“我也同样，甚至更爱你”的信息，所以你不断地证明自己多优秀，别人如何比不上你，都不如你每天陪着她、呵护她更能让她安心。

你的导师选你做他的研究生，他最看重的是你的知识架构与他的研究方向是否有交集，而你笑脸逢迎，打招呼送礼，都不如你为他的研究工作做出实际贡献来得实际。

所以，我们在理解别人的需求时，需要进行换位思考。换位思考已经成了烂大街的鸡汤名句，看似稀松平常，其实包含着处理社会关系的亘古真理。从物物交换的远古时代起，我们就在采用这样的方式与周围人协作，即看看自己手里有什么，再想想对方那里缺什么。

有时，困住我们的不是外界的阻力，而是我们自己的惯性思维。试着朝不曾想到的角落挪一两步，说不定就会发现让你豁然开朗的出口。

CHAPTER
02

你都不知道自己要什么，还好意思说奋斗

现在偷的每一个懒，
都可能是在给未来的自己挖一个坑。
因为每一次努力，
都会实实在在让你变得更好，
不仅影响你的当下，
还有你的未来。
而偷懒，
其实是提前预支了不属于自己的舒适。

你都不知道自己要什么，还好意思说奋斗

李　宏

如果你问我：个人生涯发展中最重要的一个问题是什么？

我的回答是：你到底想要什么？

有人追问：为什么这个最重要？

请看：

第一，如果你都不知道你想要什么，怎么可能去追求它、得到它？就像你坐上了出租车，你都不知道去哪儿，司机可咋开？这时候有人会说了，我什么都想要，别墅、香车、美女、权力……都想要。答案是一般实现不了，因为你没有那么多资源。

比如买房子，如果你有马云的收入，自然不会纠结是买学区的小房子，还是郊区的大房子。可大多数人忙碌一生，能买套房子就

不错了，资源有限，所以只能选最想要的。有句话叫“要把钱花到刀刃儿上”，为啥这么说？第一是钱少，第二是花到刀刃儿上满意度高。这“刀刃儿”，就是你最想要的。

知道了最想要什么，就引发出目标，有了目标，就引发出计划、行动、反馈和调整这些实现手段，有了这些手段，就能保证你一步步靠近目标。（这让我想起了一句话：“成功就等于目标，其他一切都是这句话的注解。”）换句话说，知道了要去哪儿，司机就能计划咋走了，就能上路了，一路上再根据路况反馈不断地调整路线，最终送你到想去的地方。

第二，当你不知道自己想要的，就会为别人想要的打工。别人想赚钱，你就帮着数；别人想升职，你就当梯子；别人想逛街，你就是陪伴儿。你的价值就是帮助别人实现目标，至于你想要什么，连你自己都说不清，别人更没法帮你实现。有句话叫：“上帝可以给你想要的东西，可首先你得说清是什么吧。”

生活中，为什么你总是浪费时间，却不会说“不”？原因就是你不知道自己想要什么，不知道什么时候该接受，什么时候该拒绝。工作中为什么你总是打工心态，给多少钱干多少活？也是因为你不知道自己想要什么。如果知道了就不会再斤斤计较，就会利用工作中的一切有利因素去成长，因为你知道你是在为自己打工。

第三，如果你不知道自己想要什么，就会随波逐流，流到一个你并不想去的地方。工作中很多人职也升了，薪也加了，可为什么还是不开心？原因就是不知道自己真正想要什么。当你不知道自己想要什么，没有自己的标准时，别人的标准或者社会的标准就会成为你的标准。

你就会随大溜，跟潮流，如同大河中的泥沙，被河水裹挟着顺流而下，大河流到哪里，你就去哪里，走到头才发现，那里并不是你真正想去的地方。这时候，你会感到深深的失落，这种失落并不是因为你没有得到，而是得到的并不是你真正想要的。人生最大的悲哀莫过于辛辛苦苦地爬上了梯子，却发现梯子搭错了墙。

所以，知道自己到底想要什么，真的很重要、很重要、很重要！

不过——

我到底想要什么？我到底到底想要什么？常常令人迷惑。拿我来讲，经常问自己这个问题，也经常得不到答案，觉得想要的是这个，然而时间、地点、环境、心境一变，又觉得好像是那个了。

最近问了自己一个问题，突然感觉一下子清楚了，这里分享给大家。

就是问自己——

假如现在死去，我后悔还没做的事情有哪些？

重要的问题问三遍——

假如现在死去，我后悔还没做的事情有哪些？

假如现在死去，我后悔还没做的事情有哪些？

问这个问题好处在于：

第一，它是指向未来的。众所周知，指向过去已经没意义了，比如，假如现在死去，我后悔做过的事情有哪些？就是现在不死，做过的也已经做过了，无法改变，只有朝向未来才有意义，因为未来还可以改变，还可以创造。

第二，它是具体的目标，不是虚头巴脑的价值观之类的东西。虽然这些目标里面肯定有你想要的价值，但我们不用费劲巴拉地想清楚了终极价值才去做，因为就算你想清楚了，还不是要具体到一件事情上来实现。何况如前所述，对于价值观我们经常想不清楚，常常处于一种“剪不断，理还乱”的状态中。

想不清楚终极价值没关系，想清楚后悔还没做的事情，去做就行啦！就像我们不需要想清楚到底什么是爱情，也一样可以去恋爱结婚，只要在一起开心，就说明这里面肯定有爱情，至于到底什么是爱情，就让专家们去吵吧！

第三，带来时间紧迫感。很多人拖延都是因为缺乏时间紧迫感，觉得自己日子还长着呢！最常见的思维模式是“等我以后有了钱，一定要……”这个思维模式真是害人不浅。首先，你以后未必有钱，没准儿还不如现在；其次，就算你以后有了钱，但体力也在变差，这世界上最痛苦的不是没钱，而是有钱却没体力花了；最后，你未必有以后啊，虽然这样说有些乌鸦嘴，但却是大实话（现在说实话的都是好人）。

因为天有不测风云，人有旦夕祸福，保不齐哪天地震、海啸、车祸、大病来了，想得再好也没用了。当然这种概率很小，但毕竟是有，不定会让谁赶上，要有心理准备。马云说：“梦想还是要有的，万一实现了呢？”我想说：“事情还是要抓紧办的，万一死了呢？”总之，趁活着要赶紧行动才是。

当然，问这个问题最大的好处还是在于：立刻知道自己到底想要什么。举例：假如现在死去，你后悔“世界这么大，还没去看看”，那么立刻你就会知道，“世界这么大，我想去看看”就是你想要的，活着没去看，死时就会后悔。人都怕死，但都知道怕死也没用，最后也就都想明白了，既然都是要死的，那最好能死而无憾。

再比如，假如现在死去，我后悔没有“写本书”，我就立刻知道“写本书”是我最想要的，那就趁活着赶紧写一本。为什么一定要写本书才不后悔？仔细想了想，一是感觉自己还有点儿语言小天赋（和我比），此生不发挥出来，觉得怪可惜的，就像一块煤，看到它不能充分燃烧，就替它惋惜；二是觉得如果能留下点儿活过的痕迹，对别人还有点儿小价值，也算没白活一回。

知道了问这个问题的好处，下面就是列一个清单，把后悔还没有做的事情都列上去，越具体越好。

▶ **假如现在死去，我后悔还没做的事情有：**

1.____

2.____

3.____

4.____

5.____

……

尽可能把你能想到的都列上去，因为机会有时候是突然出现的。比如你一直想潜水，过去觉得这件事离自己很远，可没想到机会突然就出现了，如果你不列上去，很可能因一时没想起来，与之失之交臂。

这时候有人会问：“那列上去的都能实现吗？”都能实现的是少数，大多数人能实现一部分就不错了。因为时间有限，资源有限，这就要求我们一定要把那些不做会有大遗憾的事情勾出来先做，力求人生没有大遗憾。至于一些小遗憾，有就有吧，这也是人生的一部分，“黄色的树林里分出两条路，可惜我不能同时去涉足”。

列出来以后，仔细看看，这就是你真正想要的，也就是你未来的人生目标和努力方向。

接下来，就是应用目标树的方法，把总目标逐级分解为子目标，最终分解到最小可执行的子目标上，然后每天坚持去做就行了。

我用“世界这么大，我要去看看”举例，画了一个目标树：

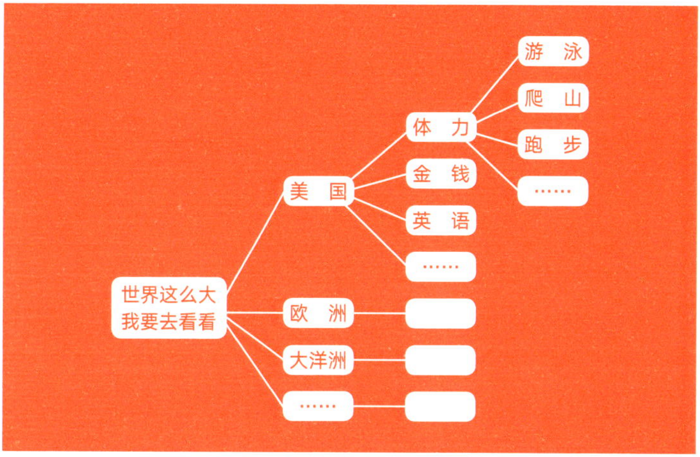

我为什么不喜欢游泳，还天天坚持，就是为了“世界这么大，我要去看看”时，能有足够的体力。

说到这里，你就会发现，问这个问题不但让你立刻知道你想要什么，还能让你通过目标树的方法，知道你现在应该干什么。

总结上述内容，一共分五步：

1. 问自己——假如现在死去，我后悔还没做的事情有哪些？未知死焉知生，此生未完成。

2. 列出后悔事情清单。看得见，摸得着。

3. 用目标树对事情进行分解，直到可执行。世上无难事，只要肯细分。

4. 执行并坚持。行动改变人生，坚持就是胜利。

5. 一手坚持做不做会有大遗憾的事，一手随时抓取不做会有小遗憾的事。两手都要抓，两手都要硬。

如能按上述步骤去做，假以时日，你的人生遗憾就会越来越少。

之前参加了“第五届新精英做自己”论坛，让我印象最深刻的是新蜂女子车队掌门人李鹤的演讲。她谈到因为一次濒死的大病，让她彻底醒悟，在病床上列了一个梦想清单，好了之后每天都按照清单去生活，实现一项画去一项。

我想，我们每个人都不希望自己得了大病才幡然醒悟，因为那样可能永远都没有机会了（李鹤是大难不死），那最好的方法就是想象自己得了大病即将死去，而迫使自己早一点醒悟，早一点知道自己到底想要什么，早一点开始行动去追求、去实现梦想，不再迷茫和拖延，最终让自己的人生少一些遗憾、多一些满意。

各位，总有一天，你的人生会像一部电影，在你的眼前一闪而过，请确定它值得一看。你希望自己这部电影从今往后有什么样的情节呢？如果你想清楚了，就赶紧去导演吧！

大部分人都有的困惑：
不知道自己喜欢什么，怎么破

野和尚

微信或者微博里经常会收到这样的留言：

“我不喜欢自己的工作，想换，却不知道自己喜欢什么，怎么办？”

“大家都说要做自己喜欢的工作，爱自己喜欢的人，可是我却不知道自己喜欢什么，所以很迷茫。我变得越来越差了，该怎么办？”

“突然发现大学生活已经过半了，自己也没考什么证，学的专业也不是自己喜欢的，想抓紧时间学点东西，却又不知道自己喜欢什么，整天浑浑噩噩的。”

……

以上问题，总结下来就是：我也想努力奋斗啊，但就是不知道自己喜欢什么，我该怎么办？

先来说说，为什么你不知道自己喜欢什么？

首先是因为你太听话。

来看一个故事，故事的主人公，我们叫他“阿影”吧。阿影出生在一个普通家庭，父母是普通的工薪阶层。阿影从小就很听话，偶尔过分调皮，免不了吃两个巴掌，但整体上还是个听话的孩子。

后来上了学，有爸妈耳提面命，有老师严格管教，阿影平稳生长，无风无浪。高考填志愿时，爸妈说：“阿影，你选个能挣钱、有前景的专业吧。”其实，以后什么行业能挣钱、有前景，爸妈也说不清楚，阿影自己也不清楚。但阿影还是选择了爸妈建议的专业。

后来毕业了，爸妈说：“阿影，你找个离家近点的地方工作吧，就算不行，也至少在省内。”

阿影也犹豫，但还是选择了离家稍近的地方工作。工作没两年，爸妈又说：“阿影，你也老大不小了，该结婚了。”于是又张罗着给他相亲。阿影起初抗拒，后来开始慢慢接受，最后臣服。

后来阿影结婚了，生了小孩，生活平静如河，缓缓流淌。只是夜深人静的时候，阿影站在镜子前，看着镜子中那张熟悉又陌生的脸，禁不住想问：“我是谁？”

阿影是谁？阿影是我们身边的路人甲，也可能就是我们自己。我们或多或少会从他身上看见自己的影子。阿影太听话了，他听话到在每一次选择的关口，都放弃了自己选择的权利；他听话到已经渐渐远离了自我运行的轨道，忘记了用独立思考来调整自己的运行轨道，甚至忘记了自己是谁。

如果一个人已经忘记了自己是谁，又怎么会知道自己真正喜欢什么呢？当你回头，发现从小到大的路都是别人替你铺好的，没有哪一段路是你自己的选择，你会不会觉得遗憾？

然后，你折腾得也少。

尽管我们都想拥有“先知先觉”的能力，但遗憾的是，“先知先觉”只属于幸运的少数人。对大部分人而言，能做到“后知后觉”就已经不错了。想做到“后知后觉”，就需要我们不停地去尝试、纠错和总结。发现自己喜欢什么，有时，就是这样一个“后知后觉”的过程。

下面这个故事的主角叫“核桃”。核桃和我出生在同一个镇子，但他大我好几岁。核桃个头儿很小，但人很机灵。因为喜欢折腾，小时候上学，大家玩，核桃也玩；大家逃学，核桃也逃学。好玩不好玩的事，核桃一件也不想落下。尽管这样，每次考完试，我们也总能在成绩公布榜的前几行看到核桃的名字。

果不其然，核桃成为小镇上为数不多的考上大学的幸运儿。大学毕业后，核桃到广州打拼。在广州，他捣鼓过老虎机，帮人看过场子，在天桥上卖过唱。据说，核桃还进过局子，而他为啥被弄进去，到现在也没人知道。反正，核桃干的事，没有一件像一个正常的大学毕业生应该干的事。核桃说自己这么折腾，只是为了好玩。

后来，核桃终于找了份靠谱点的工作，他加入了雅芳干直销。因为脑子灵活，人也勤快，核桃的业绩非常好，挣了不少钱。再后来，核桃去了一家中型家纺公司，担任营销总监。

2012 年年底，核桃做了一个让所有人大跌眼镜的决定：他决定离开大城市，回老家创业。没想到，最大的阻力却来自核桃的父母。有一次，核桃的母亲用手指着他的鼻子说："老娘把你送出去上大学，不是让你窝在老家的！"母亲的唾沫星子像是一支支飞镖，"嗖嗖"地扎在核桃脸上，扎得他好疼。

核桃需要面对的，还有身边人的议论。他们不明白，为啥堂堂一个大学生，放着大城市好好的工作不干，非要回到这个小地方来折腾。核桃不在意这些，他知道自己想要的是什么，他清楚自己喜欢的生活是什么模样。

后来，核桃在老家办了一个小型加工厂，生活过得有滋有味。

有次回到老家，车还没停稳，就看到核桃戴着墨镜，开着一辆无比拉风的四轮摩托车呼啸而来。摩托车后座坐着核桃的一双儿女，两个小家伙眼睛发亮，满脸笑容，浑身散发着朝气。那一瞬间，我知道核桃并不是他们嘴里所说的Loser，因为，核桃很幸福。

核桃的故事不励志，甚至还有点反传统。因为他没有像很多热血故事里的主角那样，得到令人炫目的成功，而是选择回归平淡，钟情于自己真正喜欢的生活。我想说的是，如果你也像核桃一样大胆折腾过、尝试过、拼搏过，你还会疑惑自己真正喜欢的是什么吗?

那么，如何从日常事务中找到你真正喜欢的那一款?

首先，可以根据你的时间分配来判断。

你喜欢什么，就会把时间花在什么上。所以，简单统计一下你业余时间的分配情况，看一下你在什么事情上面花费的时间最多，它就有可能是你所喜欢的。

有个朋友说：“我很喜欢弹钢琴，可是我从来不愿意在那上面花时间。”好吧，你那不是喜欢，你只是假装喜欢，简称——装 ×。还有个朋友说：“我感觉自己喜欢读书，可一对比时间统计结果，我发现我把更多的时间用在了玩游戏上。”好吧，你只是感觉自己喜欢读书，实际上你更喜欢的是玩游戏。

你的感觉有时会欺骗你，但在时间的尺度上，每个人都是平等的——你就是你所花的时间。正是迄今为止你花时间经历的一切，造就了如今的你。

当然，时间的耗费情况，并不能成为判断你是否喜欢一件事的唯一指标。喜欢与否，还要看在耗时最多的事情上面，你能否找到“沉浸感”。简单来说，沉浸感就是指你在干那件事的时候，容易忘记时间，并能沉浸其中。

有个做微信运营的朋友说，有时他为了找到一张合适精致的配图，会花上两三个小时。可能那个过程在别人眼中很枯燥，但他很享受。

除了沉浸感以外，真正的喜欢还需要你能够持续投入。很多人都说自己喜欢写日记，但大部分人都是三天打鱼，两天晒网。真正能够坚持天天写的，往往是极少数人，他们能够做到持续投入，是因为他们真的喜欢。

你是否愿意在某件事上花费时间，是否能找到沉浸感，是否能够持续投入，这三个指标可以帮你发现，你喜欢的到底是什么。

你还可以多去尝试，发现自己到底喜欢什么。

蔡康永发过一条微博：“15 岁觉得游泳难，放弃游泳，到 18 岁遇到一个你喜欢的人约你去游泳，你只好说‘我不会啊’。18 岁觉得英文难，放弃英文，28 岁出现一个很棒但要会英文的工作，你只好说‘我不会啊’。人生前期越嫌麻烦，越懒得学，后来就越可能错过让你动心的人和事，错过新风景。”

你始终蜷缩在一个小角落，觉得这个难那个难，结果这个不敢尝试，那个不敢尝试，这都会使你无法看见一个更大的世界和更完整的自己。**你喜欢什么，有时候不是你坐在那儿想出来的，而是迈开双脚去试出来的。**觉得打篮球不错，那就去打呀；羡慕写作棒的人，那就去写啊。试过以后觉得不喜欢，就去试试其他的呗，反正又不会损失什么。

只有跳进一个更大的世界里，去拼、去闯、去尝试，去哭、去笑、去呐喊，你才会不断发现自己更多的可能性，也终将知道自己喜欢的到底是什么。

如果你努力过后还是搞不清楚自己喜欢什么，那请你先喜欢上自己的生活。

我始终固执地认为：生活是治愈一切创伤最好的良药。你好好挣钱，好好吃饭，好好睡觉，好好健身，好好照顾身边人……你好好生活，努力变得更好，这样，那些原本无解的问题，答案也会渐渐清晰，因为生活不会辜负那些认真对待它的人。

如果你已经找到所爱，当然值得欢欣鼓舞；如果你还没有找到，也无须自暴自弃。只要你用心生活，努力向前走，总有一天，你会遇到令你心动的风景。

除了高考，你还有五次改变人生的机会

古　典

有人给我写信，洋洋洒洒三大页，第一句话就是：

“在 18 岁之前，我都是人生的胜利者，父母亲的骄傲。直到那天，我看到自己的高考成绩……”

看到这样的内容，一般我都会直接拉到故事最后——我想看看，这个高考掉坑里的人，现在多大了。

倘若是大一大二，这人还有救，拍拍土就能走。但如果是 25 岁、30 岁，甚至 40 岁，说明这人已经躺坑里 20 多年，中毒深重，已病入膏肓，只能怒其不争，哀其不幸了。

他居然因为一次投球崴了脚，就在那里躺了一整个赛季。

就好像今天高考结束，一定有人欢喜有人忧；等到分数出来，又是一轮悲喜交加；等到通知书出来，又是一轮——比坐过山车还刺激。

对于高考考生，你辛辛苦苦地熬了几年，终于得以解脱，这时候就该烧烧书、喝喝酒、发发疯，没必要在这儿听我说这些事不关己的风凉话。但是，如果你高考完已经几年了，或者距离高考还有几年，你应该认真地把这篇文章看完。

人生是一场多重博弈，胜负都不在高考。就像我们第一次失恋的时候天崩地裂，我们都以为，那是我们人生中最痛的一次。

其实，坑还多着呢。

有的人第一次炒股就能赚到钱，可老股民都知道，第一次进股市一般都是赚的，因为他们一般都是行情太好才买进，这时候随便买一只股票都赚——很多人欣欣然，我也会炒股啦！

其实，真正的股市玩家并不指望在这个时候赚你的钱，他等待的是你下一次的失误——他知道你一旦发现坐在家里就能日进斗金，肯定不会中途退出。可事实上，你并不具备理解股票的能力，于是你继续操作，来回倒腾，终于一不小心，把你前几年赚的钱全部赔进去了。

因为股票也是一场多重博弈。赚钱不难，难的是保持年收益率；博弈成功一次不难，难的是保持博弈的成功率。

人生也是一场多重博弈。

首先，你的博弈不止一次，一次胜负说明不了什么；其次，你以前所有的收益，也都有机会投入到下一次博弈中去。

这才是人生。

你在高考时考了一个不太满意的分数，其实不过7天以后，你就有机会翻盘：根据自己的分数选择一个地域、学校和专业——这考验的是你的眼光、你对自己的了解以及对社会潮流的判断。

如果你选择得当，在一个你喜欢的大学中的适合的专业里做一个优胜者，远远比在一个排名靠前的大学中的莫名其妙的专业里，被一群来自全国的高手虐强。如果你选择的专业能领先热门专业两年，你会发现自己甚至比当年进入热门专业的人还要好——这是你的第二次博弈。

然后，在你高考后的100天内，你又有了第二次机会翻盘——你上学的第一天就发现，这里谁都不认识我！如果你愿意，你完全可以做个自己喜欢的人！

有人开始在这个全新的环境里写下自己最希望做成的10件事、

拥有的3个品质。而睡在他上铺的人，还在拿着手机默默地刷自己考上好大学的高中同学的朋友圈，看到他们炫耀而心塞落泪——这是第三次博弈。

大一，大家逐渐都混熟了——有人混游戏厅，有人混学生会，有人混到企业实习，有人混自习室。有人骂他们都是傻子，然后回宿舍睡觉。3年后，各自的选择带来了不同的结果，不同的结果又有着不同的价值——这是第四次博弈。

校园里，你遇见一位姑娘，她白衣飘飘，像月亮一样美丽娴静。但是喜欢她的人不止你一个。你和自己较劲了两周，苦思自己是否配得上她。半个月后，你发现她和别人（猪头男）牵着手漫步在操场。5年后，她成了别人的新娘——这是第五次人生博弈。

看到这儿，你明白了吧？仅仅是大学4年，就有5次翻盘的机会。大学毕业以后，更是有无数的路口。

上班第一个月，经理安排下来一个新项目，项目很难，还不加工资。有人觉得是个机会，咬牙顶了上去；有人觉得太难或者怕麻烦，找借口退缩了。结果，前者被认为有潜力，越来越好；后者缺乏锻炼，越来越差，越来越觉得没劲儿，这也是一次人生博弈。

还有跳槽、创业、读在职研究生、养育一个孩子、如何对待你的父母、面对一个诱惑，还有如何保护自己的身体和家庭……

其实，每隔那么几年，就有一个和高考差不多的玩意儿能把你的人生轨迹扳一下。你人生的胜负、成败、高潮与低潮、快乐与痛苦……从此不同——只不过，它们都不叫“高考”，不设考场，没有分数线，而且要三五年后才放榜。

在这种多重博弈中，很多人毫无意识地错过了各种扭转人生的机会，一直沿着惯性向前开；而比这种情况更危险的是，有人都走过了好多个人生的十字路口，还在看着倒车镜，想着自己在刚上路时一次错误的拐弯。

如果人生真的是一场多重博弈，我想把下面这个故事送给你，作为一份还不错的“人生备考攻略”。

美国密歇根大学一位叫罗伯特·爱克斯罗德的政治科学家，为了进行关于合作和竞争的研究，他组织了一场计算机竞赛。

这个竞赛的思路非常简单：每一个参与者都要玩一个攻击或合作的游戏。

- 每一回合，你需要在不知道对方出招的情况下，选择一张牌，上面写着合作或者进攻。

- 合作牌对方加分，进攻牌对方就减分。
- 如果双方同时进攻，各自减 2 分；同时合作，各自加 2 分。但是如果一方进攻一方合作，合作方失去 3 分，而进攻方获得 3 分。

游戏的规则简单、清晰，一开始，谁都不知道对方是善意还是恶意，如果都是善意就互相加分，都是恶意就互相减分；如果别人是恶意，而你还是善意，那就吃大亏了。

游戏本身类似囚徒困境，唯一的不同是这游戏得连续玩200次。上一次如果你攻击，下一次也许对方会持续攻击你，一直到双方都挂掉为止。

人心险恶，你会怎么玩?

后来，世界顶级的计算机高手为这个游戏编写了 14 种不同的破解程序。没想到，最后获胜的程序简单到不可思议，这个程序叫作“TIT FOR TAT”（一报还一报），只有 3 行代码，大体攻略是：

- 第一步选择合作。
- 每一步都重复对方上一步的行动——进攻或合作。

这个程序最终打败了其他更复杂的程序，获得第一名。

“TIT FOR TAT”之所以能获胜，是因为它反映了这几个特征：善良、可激怒、宽容、简单、不嫉妒。

善良，是指它第一步总是向对方表达善意，永远不首先背叛。

可激怒，是指对方出现背叛行为时，它能够及时识别，并采取行动攻击报复，不做傻子和老好人。

宽容，这个程序不记录过去的行为，更没有分析功能。它不会因为别人的一次背叛，就长时间地“怀恨在心”，或者没完没了地报复，只要对方重新回到合作轨道，就既往不咎地合作。

简单，是指它的逻辑清晰，易于识别，能让对方在较短时间内辨别出来其策略所在。

不嫉妒，是指它不耍小聪明，不占对方便宜，不管对方是强还是弱，均一视同仁。

在我看来，这也是对人生多重博弈的最好策略：

- 总是对世界保持善意。
- 不做老好人，遇到不合理的人和事，该出手时就出手，但不要加倍报复。
- 宽容——只要你转变了，我们就还是朋友。
- 做人简单直接，越是这样别人越容易理解你，愿意与你合作。

- 把焦点放在做好自己上，不去计较对方是否占了便宜。

不畏将来，不念过去，无分别心，做好自己。

所以，**无论你高考成功还是失败，这都不是你人生的全部，它只是你人生赛季投进或者投落的第一个球，后面还有几百次投篮等着你。**

希望你喜欢这份备考攻略。

你现在偷的每一个懒，都是给未来挖的坑

蒙琪琪

最近单位在搞各项突击检查，大家都手忙脚乱的，因为很多备案没有按时记录，现在要补上去，既要花时间去回忆，还要花精力翻资料。

我也是其中的一员。记得刚毕业那会儿，我工作起来跟打了鸡血一样，今日事今日毕。几年磨下来，渐渐地也偷起了懒。这不，关键时候就被自己坑了。

不知你是否也有这样的体验，看着朋友圈里别人在晒写得工整漂亮的小楷，下面的评论一片赞誉。

关键是连心仪许久的男神都对她赞不绝口，突然就有一种羡慕、嫉妒之情涌上心头，继而转变为悔意。

回想自己小时候也练过好几年的书法，后来练着练着怎么就放弃了呢？不然，现在能和男神互动的就是自己了。

还有就是“减肥”这个老大难的问题。即便微信公众号里关注的健身教程一大把，健身卡也办了一年多了，呼啦圈、哑铃等配套器材都快买全了。可从去年开始嚷着要减肥的我，依然还在微胖界徘徊。

每一次看别人变瘦了、变美了，就受了刺激，都会狠狠地下决心：这次一定要把身上的肥肉全！部！减！掉！但最后，却都是以三天打鱼，两天晒网收尾。理由找了一大堆，比如天气不好，不去健身了；上班太累了，给自己放一天假；难得爸爸烧了我爱吃的菜，今晚多吃一碗吧……其实都是在给自己偷懒找借口。

因为偷懒而悔不当初的事太多了，以至于现在的我深深觉得，**现在偷的每一个懒，都可能是在给未来的自己挖一个坑。**

因为每一次努力，都会实实在在让你变得更好，不仅影响你的当下，还有你的未来。而偷懒，其实是提前预支了不属于自己的舒适。当未来某一天，你需要某个技能或特质帮自己渡过难关时，却发现自己早在过去的某一天亲手扼杀了它，那真叫一个悔不当初。

俗话说，人都是有惰性的，偷懒确实能给我们带来满足感。那偷懒究竟是一种什么心态呢？

1. 长时间紧绷，突然想放松，但克制力不够

偷懒的反面是坚持，坚持总是不易，需要咬紧牙关。

长时间的坚持，累是肯定的，中途稍作休息也没什么，就是绷紧的弦一旦放松久了，再想绷紧就难了。

所以说，这就需要我们有强大的克制力走出舒适区。但由于克制力不够，休息了一天，忍不住想再休息一天，结果之前信誓旦旦定下的目标，都被放松的满足感抛在了脑后。

2. 侥幸心理

觉得偷一次两次小懒没什么大问题，可是俗话说，“不积跬步，无以至千里”，量变终有一天会导致质变的。

像这种心态，说明一开始就没有下多大决心，只是抱着试一试的态度。连自己都不够重视，即便中途开点小差，也不会觉得自责了。

不知不觉，截止时间到了，可最终的效果却差了十万八千里，只剩下喟叹。

3. 压根儿就没开始

工作前几年，年轻的我们要学的东西很多，压力也着实不小。

很多时候，我们在决定一件事要不要做之前，会过多地考虑它会给我们带来什么，因此对于一些看起来不痛不痒的事情，就提不起多大兴趣。

有的上班族周末报英语班充电，你会觉得，自己最近又不用考什么英语类的证书，单位也没有相关要求，干吗要花大把的金钱和时间去学英语？还不如在家睡个懒觉，约朋友逛逛街，或者追个剧也是可以的。

像这种连最开始的第一步都没有跨出去的人，就是所谓的“大懒虫”，前两种人最起码有了行动。

其实啊，不管一开始做了什么，做得如何，只要做了就会有收获。而思想上的偷懒，会让你本想去做，却什么也没做，最终什么也没得到。

蔡康永说：15 岁觉得游泳难，放弃游泳，到 18 岁遇到一个你喜欢的人约你去游泳，你只好说“我不会啊”。18 岁觉得英文难，放弃英文，28 岁出现一个很棒但要会英文的工作，你只好说“我不会啊”。

确实如此，生活中有很多机会都因为自己的偷懒而错过。许多美景，也会因为自己的一时偷懒而一再错过。多少人把“说走就走”的口号挂在嘴边，而一直不见行动。除了时间上排不开，更多的还是偷懒在作祟。

我有个朋友 A，每次聊天时都会说她想去哪儿玩。我说：“那你赶紧趁现在有假的时候去啊。”结果过了一段时间，她又和我说起这事，我就问她：“都说了快一年了，你到底打算什么时候去？”

前一秒的她还眉飞色舞，后一秒就开始忧虑起来，向我抱怨道：“你不知道，出国好麻烦的，又要办护照，又要办签证，还要准备攻略，想想就很烦啊！要是能有人帮我打点好一切就好了，拎起行李就能走！”

好吧，我在心里默叹：其实她还是想偷懒，估计我明年再问，她还是没去成。

我们开始做一件事情时，总会过多地去考虑这件事有没有用，是否迫在眉睫。如果明显是当下不做不行的，自然是完成得好好的；如果短期内看不到它的用处，偷懒的念头就会爬上心头。

但问题是，人的前半场往往都是在为后半场埋伏笔，今天偷了懒，就别怪明天的自己会摔跤。

有时候，看似傻乎乎坚持的人反而更容易成功，因为他只要开始了，就会一往无前，心无旁骛，而不是一边左顾右盼，一边算计着是否值得，时不时还会萌生偷懒的念头。

有一件印象特别深刻的事，同单位与我年龄相仿的一位小伙伴，工作没多久就高升了，大家都十分羡慕。

后来偶然听同事说起，那个小伙伴一直锲而不舍、勤勤恳恳地做着单位通讯员的工作，就是长期频繁地写稿。

我努力回忆，之前确实看到单位面向所有员工征稿的通知，当时的自己虽然心动，但一想到要写那么多文章，一退缩，就没什么想法了。

而那些没有被写文章占用的时间，想来也没有发挥它的价值，不是在刷微博中流逝了，就是在闲聊中浪费了。

如今看到别人因为坚持而有了更好的发展，我除了后悔跟懊恼，还能做什么呢？

但也就是在这件事之后，我开始反思。以后的路还很长，我不想再因为一时的偷懒而错过宝贵的机会。

路是自己铺的，坑也是自己挖的。你在偷懒的时候，别人都在努力地给自己铺路，这样差距不就越拉越大了吗？

也许你还嘲笑人家满头大汗：嘿，兄弟，这么拼命干吗呢？休息一下吧。殊不知，未来不远处已经有一个大坑在等着你了。

年轻的时候是人生的储备期，就好像是四季里的春天，本就应该是播种的季节，你却因为贪玩错过了，那春去秋来，等别人在秋天收获时，你又能收获什么呢？

总有长辈和我说，“年轻的时候要吃点苦”。刚工作那会儿还不太明白，总觉得这是长辈的套话。

久而久之，被自己坑的次数多了，渐渐也领会了其中的要义。没有什么路是白走的，没有什么事情是白做的，很多看似没什么用的事情，其实都是成长的基石。

“花有重开日，人无再少年。”如果不想坐在坑里哭，感叹时运不济，就要在年轻的时候少偷一点懒，鼓励自己坚持一下，然后静候时间的礼物。

是你自己选择一事无成地活着

彭小六

乱世出英雄

一位朋友跟我说要离职，我很惊讶："你们公司不是在快速扩展吗？你有大把的机会升迁，为什么要离职？"他说："就是因为这个！"

原先他负责人事后勤方面的工作，管理的部门只有二十几人，现在华东地区进行整合，他一下子要管理华东地区几个省和十几个办事处，有 80 多个人。

"老板忽然把这么多人扔给我，却什么都不告诉我，也不教我怎么做！"他抱怨道，"我完全受不了了！"

"那你有跟你们老大说过你的困难吗？"

“说过。他说他不知道，让我来处理。”

“那你怎么处理的呢？”

“我怎么知道呢？我都没有类似的经验，也没有接受过培训。那么多异地员工，考勤、打卡都不知道怎么弄，公司也没有现成的制度，乱七八糟的。”

“那你为什么不自己找机会培训自己呢？”

“但是我不知道跟谁学，怎么学呀！”

“那你有在朋友圈向伙伴们求助吗？”

“没有……”

“你的这些问题，别的企业肯定早就经历过。”

“异地办公的考勤属于技术问题，流程管控（SOP，Standard Operation Procedure，即标准作业程序，就是将某一事件的标准操作步骤和要求，以统一的格式描述出来，用来指导和规范日常的工作）属于流程问题。你带着这些问题找老板或者公司，就像领着一群猴子进领导办公室一样。你觉得老板会喜欢吗？你觉得老板会帮你看着你的猴子吗？”

“可是，我也不知道怎么办啊！”

“你不知道怎么办，你有没有主动寻找过答案呢？你试试把你刚才所有的抱怨都用‘如何’做开头重新说一遍。比如：如何实现异地打卡、考勤？如何将现在部门管理的流程标准化……”

“乱世出英雄，如果什么都规规矩矩了，还要你干吗？现在公司在快速扩张，大量新的流程和制度需要有人来建立，你看到了这么多问题，为什么不趁这个机会试一试呢？很多人工作多年都没有这样的机会，何况领导完全放权让你去做，你完全可以利用这样的环境好好实践一把啊！”

神经官能症和人格失调症

《少有人走的路》中说：不能及时解决人生的难题，它们就会像山一样横亘在我们眼前。很多人显然忽略了其中的道理。我们必须面对属于自己的问题，这是解决问题的基本前提。避之唯恐不及，认为“这不是我的问题”，显然一点好处也没有。指望别人解决，也不是聪明的做法。唯一的办法是我们应该勇敢地说：“这是我的问题，还是由我来解决吧！”

相当多的人只想逃避，他们宁愿这样自我安慰：“出现这个问题，不是我而是别人的原因，是别人拖累了我，是我无法控制的社会因素造成的，应该由别人或者社会替我解决。这绝不是我个人的问题。”

“趋利避害，逃避责任”这种心理趋向令人遗憾，有时甚至达到可笑的程度。心理学上求助于心理医生的大多数人，不是有神经官能症，就是患有人格失调症。这些症状都是责任感出现问题所致，其表现症状却恰恰相反：神经官能症患者为自己强加责任，患有人格失调症的人却不愿承担责任。

与外界发生冲突和矛盾时，神经官能症患者认为错在自己，而人格失调症患者却把错误归咎于旁人。

神经官能症患者常把“我本来可以”“我或许应该”“我不应该”挂在嘴边。不管做任何事，他们都觉得自己能力不及他人，缺少相应的勇气和个性。

人格失调症患者则强调“我不能”“我不可能”“我做不到”，他们缺少自主判断及承担责任的能力。

治疗神经官能症，比治疗人格失调症容易得多，前者只要坚持问题应由自己负责，而非别人和社会所致即可。而治愈人格失调症患者则较为困难，他们顽固地认为问题和自己无关，他人和外界才是罪魁祸首。

不少人兼有神经官能症和人格失调症，统称为“人格神经官能症”。在某些问题上，他们把别人的责任揽到自己身上，内心充满内疚感；在别的问题上，他们却一推了之。

治疗人格神经官能症，不见得如想象中那样困难。先治愈其神经官能症，就能让患者对治疗树立信心，进而接受医生的建议，纠正不愿承担责任的心理，消除人格失调的根源。

几乎人人都患有不同程度的神经官能症或人格失调症，因此，只要及时求诊，对于心理健康大有好处。

人生一世，正确评估自己的角色，判定该为何人、何事负责，既是我们的责任，也是无法逃避的问题。

评估责任归属，必然让我们感觉痛苦，从而产生回避倾向。

如何学会承担责任

希尔德·布鲁茨博士在她的《心理学研究》前言部分这样解释一般病人寻求心理治疗的原因："他们都面临一个共同的问题——感觉自己不能够对付或者改变现状，因此产生恐惧、无助感和自我怀疑。"

大多数病人力不从心的根源，在于他们总想逃避自由，不能够为他们的问题、生活承担责任。他们感到乏力，在于他们放弃了自己的力量。如果得到治疗，他们就会知道，作为成年人，整个一生都充满选择和决定的机会。他们接受这一事实，就会变成自由的人；无法接受这一事实，就会感到自己永远是个牺牲品。

那么，你在面对问题和困难时的选择是什么呢？

在开始问自己之前，不妨再把这篇文章好好看一遍。

CHAPTER
03

有一个怪圈叫“越努力越迷茫”

在这个信息和知识爆炸的时代，
崛起的人靠的都是这三个能力：
在某个专业领域的专注力；
热点、痛点和经典结合的搜索力；
重新架构的链接能力。

为什么越学反而越蠢？碎片化学习是个骗局

古　典

先给你讲个故事，看你有没有中招。

有一天，你的朋友给你“知识装 ×”了一个术语，牛！怎么知道的？他推给你一个公众号。你开始关注，觉得“哇！大神！长见识了”，每天刷每天刷每天刷。很多问题也有了解决方法——按照这个进度，过 3 年就能理解宇宙的终极奥秘了。

慢慢地，你有了 10 多个类似的号，承包了你的专业、生活、工作、跑步、减肥、饮食、情感关系……所有的领域。咳咳，有点看不过来的你决定提高效率，进行碎片化学习！

利用一切碎片时间，地铁上看一篇，吃饭时看一篇，睡前刷两篇。眼睛看不完，用音频刷；平时看不完，跑步还能刷。但是，还是刷不完！还好有收藏功能，全部收藏！

这也叫“松鼠症”，不断攒不断攒不断攒……等到收藏超过100篇未读的时候，你终于发现，收藏等于永不再读，这让你很沮丧。

更让人沮丧的是，你好像距离写文章的大牛越来越远了——在你“学习”的这段时间，这100位大牛好像都更牛了。而且牛人好像越来越多，观点越来越新，每天都有人用全新的玩法颠覆你的认知——哇，原来这才是对的！

别说宇宙奥秘了，你对于生活有了深深的怀疑……再好的鸡汤，也掩饰不了你日益增加的郁闷——确实，这个世界Low的就是刷了无数文章的你。

你越来越焦虑，终于有一天，你彻底瘫痪了，对自己说：“妈的，为什么要活得这么累？老子就是一个俗人，干吗没事要成长？我要做一头猪、一坨肉、一个死尸。”你开始转战娱乐、小说和短视频……

更加让你想抽自己的是，过了几天你歇过来了，又开始了新一轮的循环——刷刷刷。

“焦虑症——松鼠症——懒癌”，本世纪三大绝症，其实是个死循环。为什么会这样？

因为，所有的当代人都面临两个问题——信息超载和知识碎片化。

信息超载是老话题，不多说了，讲几个数据：

- 全世界每天有 4000 本书出版，超过 4 亿个字。
- 《纽约时报》一天的文字量，等于牛顿同时代的人一生的阅读量。
- 一个专业领域，每天大概有 200 个公众号正在注册，有近 1000 篇文字正在产生……

知识的储存能力，人类早就被电脑完胜了；知识的搜索和链接能力，才是学习的核心竞争力。

另一个趋势也很明显：知识碎片化。这个碎片化从三个方面开始：

首先，时间和空间被打碎。移动手机允许你在 3 站地铁里听完一本书。

其次，被打碎的是信息。如果你翻知乎、今日头条或者某个博客，你并不会像看一本书一样，知道前面一章讲什么，后面即将讲什么。除了标题党，你根本对下一个博客、内容毫无预料，只能被动接受。

最后，最糟糕的其实是知识结构的碎片化。你并不知道是谁，在什么情况下，针对什么问题讲的这句话。所有的信息缺少了上下文，就是废话。

比如说有段时间我刷管理类的文章，发现雷军、傅盛、彼得·德鲁克、吴伯凡、马云、吴晓波……各位大佬针对同一个问题讲的内容完全不同。问题来了，到底信哪个？

其实雷军讲的是互联网行业；傅盛讲的是小企业逆袭，他正在做投资；彼得·德鲁克用管理在讲哲学；吴伯凡老师在讲中西方文化；马云老师在讲大众励志；吴晓波其实是用管理谈财经——更重要的是，他们讲话的场合、时间点和对象你一无所知。如果一个人没有搜索能力，他不会知道背景；没有思考能力，不会知道为什么。这样单纯地知道一句话，比不知道更糟糕。

把前面两个结论放一块，结果很清晰——时间、空间碎片化确实能够提高学习的效率（其实也比不过电脑），而信息碎片化和知识结构碎片化带来的，却是学习效率的倒退和焦虑。因为它毁掉了你主动搜索的能力和主动链接的能力，也就是深度思考的能力。

这就是碎片化的陷阱，极大地提高了了解并没有什么用的信息的能力，反而降低了最重要的独立思考的能力。

深度思考是件难事，也是件需要时间和空间的事，它远远比你迅速点开另一个有着同样的标题，但很好玩，内容很有趣的文章难得多。但这个时候，90% 的人会选择点开下一个话题，而他们的浅薄之路也从此开始。

这也形成了一个上瘾的机制——瞬间点开新话题，能让你获得“哇，我懂了”的廉价快感。但看的信息越多，就见到越多牛人的思想高度，你就越无法深度思考。为了抵御这种焦虑，你只好继续打开更多窗口，见证更多顶峰，然后更加焦虑。

饮鸩止渴，一直到瘫痪。

什么是靠谱的学习方式？观察下那些给你喂知识的专家是怎么做的。

他们都挺贼的——专注于一个小领域，以热点为关键词，搜索他们自己专业领域的内容，然后通过新的知识结构表达出来。他们无限度地降低了知识的门槛，其实被拉大的是你和他之间的距离。

知识创富时代，内容创业时代——无论你怎么说，这个领域的弄潮儿靠的都是这三个能力：在某个专业领域的专注力；热点、痛点和经典结合的搜索力；重新架构的链接能力。

怎么办呢？下面是四个抵御碎片化，让知识“零存整取”的方式：

1. 学习的起点不是焦虑，而是问题

李小龙当年刚回香港，在《欢乐今宵》节目上，节目组请来了一名太极拳拳师，想考验李小龙能不能推倒对方。拳师也摆好架子等他来推，结果李小龙一拳打在了对方脸上。李小龙想表达的是——在真实的实战中，没有人会等你摆好架势，冲着你规定的地方打过来。

学习也是一样，在真实生活中，环境和知识都变化太多，你不可能像学校里那样，系统地学好、学完一门知识，然后坐在教室等着不超过知识点的考试。大部分时间，生活会先给你一个考试，然后需要你根据问题找出关键词开始学习。

所以，学习的起点不是某人在朋友圈晒的一本书、推荐的一个微信文章，或者是这个行业的一个经典教材引发你的焦虑，而应该是你真实遇到的一个问题。那么，如何解决，方法如下：

- 通过不断的思考和对话，一直到能清晰地提出一个明确具体的问题——这时候，已经解决了一半。
- 把问题拆分成关键字，然后开始搜索认知资源。
- 找到你所需的资源。

2. 扩充学习资源——人、事、网、书

找学习资源的能力，就是搜索能力。

大部分人找资源，第一反应是上网或买本书。这很容易陷入困境。因为网络是个无底洞，这里翻翻，那里看看，一不小心，两天都出不来。要把书里面的内容消化完至少需要两周，前提还是你选对了书。

在信息爆炸的时代，最重要的不是增加信息，而是筛选和删除信息。

所以，其实最好的方式是：

- 从有经验的人开始，根据你提出的问题给你清晰的建议、方向和边界。
- 找到行业目标，看看人家是怎么做的。
- 进一步运用网络搜索资料和书的总结及评论，最后才是系统地看书。

3. “721 法则”：留出足够多的时间练习、思考和讨论

行动学习理论认为，人要掌握一门技能，需要有 10% 的时间学习知识和信息，70% 的时间练习和践行，还有 20% 的时间与人沟通和讨论。这个原则叫作“721 法则”。

碎片化学习对于 10% 的信息接收非常有用，而剩下独处练习的 70% 和讨论的 20%，则需要留出大量的时间来系统学习——碎片化学习永远只是系统化学习的辅助，你需要留出足够多的整块时间学习。

如果能看到这里，顺便说一句，我每周只写一篇不那么好读的干货文，一方面因为我懒；另一方面也因为我并不认为天天刷文能对人有所帮助。每周三晚上，如果能重新思考一个观点，做一点思辨，帮助远远会更大。

4. 输出倒逼输入

如何能保证让自己的思考有体系？我看过、试过很多方法，最后，最有效的方法只有一个，就是用输出倒逼输入。

你可以写文章、讲课、做 PPT、做读书笔记、做导图……只有一个要求——你的输出有结构。先建立一个结构，你的知识和信息量会自动吸附在结构之上。时间一长，你会成为一个能根据结构链接知识的人。

很多人会说："我不会写该怎么办？"研究新建构主义的王竹立老师有一个观点——把知识零存整取。具体步骤如下：

第一步，积件式写作。就是用 Ctrl+C 加 Ctrl+V 的方法，先拼出一篇符合逻辑的文字。

第二步，进入个性化改写阶段。在第一步的基础上，你可以根据自己的个性化写出自己的案例，有自己的风格、自己的侧重点——现在网络上大部分写作和讲课都是此类的。

第三步，创造性重构。在持续前两步的积累下，创造出全新的思路和模型。

大部分人的问题都是看了第二步和第三步，下结论说自己完全不适合写作，然后放弃。其实每个人都应该动笔从第一步做起——写作不是为了传播，至少是为了思考和学习。

希望你能建立一座属于自己的金字塔。

为什么学了东西就忘掉，总是用不上

发愤的草莓

朋友圈一个网友每天都在转发微课的帖子，附着“我要报名”之类的话语。只要发现哪里有免费的微课，她必转发，必学习，真是“拼命三姐”的节奏。我忍不住给她悄悄点赞。

可某天，她却突然在朋友圈吐槽：

“学了那么多，鬼用都没有！”

其实，这年头从学校里出来之后，像她这样还能穷尽一切资源学习的人——不多。可是她明明这么刻苦用功，为什么没有效果呢？

也许听的时候，会拼命点头赞叹：“哇，讲得真好！”第二天出门，风一吹就全都跑了，连雁过留痕的迹象都没有。就算课程是免费的，可想想咱们还投入了宝贵的时间成本；若课程本身还交了一大笔血汗钱，就更令人心痛了。

花了精力参加的课程，总想把知识榨干，让付出的时间和学费有更高的性价比。那该怎么办呢？

抛开没选对学习内容（课程没干货）这种客观因素，从自身出发，关键是把三个“握手”做好：

人与知识的“握手”

高三时，前桌有位寸头戴眼镜的男生。不论下课后什么时间，他总是固定着那个压低头的姿势，拿着笔在一本厚得可以砸老鼠的“题库”上“沙沙沙”地写啊写。

那个埋头苦读的认真劲儿，看着就像个励志开关，不断按下、按下、按下，让我每次想放松时都立刻抖擞起精神来。

可是，每次考试结果一公布，寸头戴眼镜男生的成绩都让人大跌眼镜，平时没怎么做题的同学考得都比他高，最后他高考成绩也不太理想。同学们都为他扼腕叹息。

这里并不想把考试成绩奉为至高的标准，只是从当时的情况来猜测，可能这位同学没做好人与知识的“握手”，没有巧妙地把知识吸收好。

具体来说，通常是“目的不清”，而这又会牵引出“方法不对”的后果。

面对海量的免费学习课程，欣喜之余，首先要擦亮眼睛，看清目的——知道自己要学些啥，哪些必须学，哪些不必学，要学到什么程度。学习的内容，通常是用于解决当前生活或工作中的问题，或者是精进个人核心技能，或者是为了提升生活的品质。

在几大学习内容中，还需要排个优先级，同时出现了都很想学的内容时，重点把时间分配给哪一个，其他适当舍弃，做“减法”。

如果不假思索，看到就要，知道就拿，一直做“加法”，那是哄自己开心，以为学得多就等于进步。

在看清目的之后，对于方法的选择就好办了。

什么样的学习目的，决定什么样的学习方法。比如仅仅是想扩大资讯面，只需要做到能记住就可以了，用一张思维导图就能搞定；如果是为了解决实际问题，下面这个“握手”更重要。

知识与场景的“握手”

成人学习跟学生时代的学习不同，多在于“用”。

对于成人而言，“找对方法”更重要的是做好知识与场景的“握手”，让知识与具体环境互动起来。

听了课没效果，很大程度上是因为这个环节卡壳了，但你自己不知道。

为成人设计的课程，通常默认听课者懂得自我消化吸收，是自如运用知识的成熟学习者，所以并不会像学校里为学生设计的内容那样，而是将自主权更多地让步给学习者。

但实际情况是，很多人从象牙塔出来之后，依然没有学会学校以外的学习方式，依然沿用了学生时代的学习方法，心里还埋怨这几句：“我都交了学费的，就教成这样？”

拜托，都成人了，老师不是保姆。没了“保姆”的贴心照顾，只是在课上满足于狂点头的听懂了、明白了，可碰到实际场景却狂摇头，觉得用不了、不会用。

想让知识与场景“握手”，先要分清三种知识类型层次——道、术、用。

- “道”是比较大而泛的格局认知、统领理念、方法论、道理等。
- “术”是在理念与方法论之下的流程、步骤等。
- “用”是指这些“道”和“术”在实际场景中需要的清

单、经验及如何配合工具用得更加到位。

举个例子，像我们常听到的行动管理上必须“要事第一”，类似这样的都是“道”层面的知识，说的是理念。但是只这么讲，你会觉得对啊，傻子都知道要事肯定是第一啊，谁会做无关紧要的事情呢？但怎么样做才算“要事第一”呢？不懂。

这就需要起码讲到“术”的层面才好理解一点。比如时间管理领域常用的“四象限法则”就是给你讲的这个。

这时候，你还是会晕，觉得无从下手，比如光是判断这些事情属于哪一象限，就挠破脑袋了。但如果讲“用”层面的知识，你就会感觉清晰许多。

比如，如何判断什么样的事情是“要事”？这样的事情在一天当中要怎么样去安排执行？如果中断怎么办？有什么窍门经验……这些是你直接可以拿来就用的，而顶端的理念正是“要事第一”。

道、术、用三者本身没有好坏之分，融会贯通才是更好的学习。但没有经验的学习者，往往不太懂得怎么把“道”转化为“用”。

有一个办法，那就是永远在学习之后记得问自己一个问题——“听了这些课，我下一步能做点啥？”强迫自己把学习到的东西刻意用上，这样才不会课上听得心潮澎湃，能量满满，可是课后依旧会被锅碗瓢盆的现实打回原形。

人与人的“握手”

人与人的“握手”，听起来是不是有点玄？其实，第一个“人”是指学习者自己，第二个“人”是指导师或者学习伙伴。在学习新知识时，最好能有导师，最起码也要有学习伙伴可以交流。

还是举“要事第一”的例子，这个道理许多人都懂，可在执行时是不是真的能做到呢？

比如在日计划执行中，明明都设好了高优先级的事情，可是一不留神，还是会不由自主地选择从简单容易的低优先级开始做起。这时，就需要有人帮你敲敲脑袋，及时将你推回正确的轨道。这就是导师和伙伴的力量。

但要怎么做好“人与人”的握手呢？这就需要你找准导师，找到伙伴，而且他们还愿意帮你。

好的伙伴，可以是都在学习同样的知识，或者有一样的成长价值观；在讨论交流中完善对知识的理解，促进对知识的应用；互相提醒，保持真诚和学习的态度。你也可以把自己的所学分享给伙伴——分享也是学习应用的最佳姿势。

而导师则可以更有效地助你减少学习的弯路。找到提点自己的导师不太容易，他们经验丰富，通常也比较忙，但有两点可以关注：

导师愿意帮助你的前提，首先，你得是愿意帮助自己的人。如果连在网站上轻松就能找到的知识都不愿意去搜索，连导师在文章里写得明明白白的事情你都不愿意去查阅，他为什么要跟你多讲几句？

其次，提问时请先确保是一个优质的问题，起码也得是一个清晰的问题，一来不耽误导师的时间，二来提升自己思考的能力。

说到这里，还记得上面讲了哪三个“握手”吗？我们来温故知新——

人与知识的“握手”，知识与场景的“握手”，人与人的“握手”。

这三个“握手”的比重如何呢？

人与知识的“握手”占10%，知识与场景的“握手”占70%，人与人的“握手”占20%。

其中，知识与场景的“握手”比重最高，极其重要。所以学了那么多，没用起来或者用的时间不够，轻易放弃，就不要嚷嚷课程没效果。

这正是著名的成人学习“721法则”。

学习效果的提升，70%来自实践，可以说是知识与场景的“握手”；20%来自导师和伙伴的帮助，可以说是人与人的“握手”；10%来自纯粹的知识学习，可以说是人与知识的“握手”。

信息爆炸的时代，决定了我们必然是终身学习者，需要不断地学习如何学习。不要总以为我们懂得怎么去学习，实际路还很长。

把三个“握手”做好，才不会花了那么多精力，却没把知识榨干。你说对吗？

为什么下班后 4 小时，没法改变你的人生

古　典

“周三下午 5:30”——电脑屏幕右上角显示。你从无聊的工作里深吸一口气，喝一口水，告诉自己，还有 30 分钟——然后，开始自己想要的人生！

下班后的你会读 1 小时书，然后学一门手绘课，还会写写文章。在自己的爱好里，你会完全变成另一个人。也许再过几天，你甚至可以开一个自己的公众号，然后成为这个领域的小 IP。白天为了生存打拼，所幸还有晚上的梦想。

“下班后的 4 小时，决定你的人生！”

挤地铁、穿人海，你回到家里，含着这口热烈的鸡血，和疲倦作斗争。

你一定听过很多下班后 2 小时 /4 小时能改变人生的故事——有人读了 100 本书，成为微信大号、自由讲师、著名 IP，开始一段全新的人生……

对啊！下班后 4 小时拿来学习、读书，发展个斜杠，肯定比刷剧和吃吃喝喝强。但是坦诚地说，仅仅依靠这 4 小时，很难改变自己的人生。因为第二天一早，大部分人还是需要面对一份也许不太喜欢、每天占据自己 8 小时的工作。再美好再充实的下班 4 小时，也抗不过一个没兴趣的工作天天打击、消磨你。这样一天累下来，要强打精神靠 4 小时突围一个全新的未来——很难看到希望。

所以，每隔一段时间，你就被激励一次；再过几天，你就又热情消退，实在没有了精力。你会对自己说——也许这个方向不对呢？再换一个？换了几个以后，你可能就彻底放弃了什么改变人生的想法——对了，《生活大爆炸》第十季昨天出新的了，下载下来看看。

人们之所以相信“下班 4 小时改变人生”，往往有下面一个或者多个假设：

只有下班后是自己的时间，才能做自己真正想做的事；

只有做自己想做的事情，才能改变人生；

这些事情集中做，效果才会更好。

将这些假设连起来，也许有人还能推出第四个假设：

如果我下班后 4 小时做好了，就能改变人生，那上班就不是太重要了。

其实不然。

上班的 8 小时，最有资源做自己真正想做的事。

我一个朋友肖，长得像缩水版的罗大佑，所以自绝了做培训师这条路，立志做一个生涯咨询师。普通人这么想，就努力地上班工作，下班找个平台，发文章做个人品牌，然后接咨询，从 100 元收起，慢慢熬个两年，到 1000 元。而他的做法不同。

作为一名销售，他首先把自己的每个销售都做成了半个咨询——和每一个打电话来的人谈自己的职业发展，从中获得咨询的经验，也增加了客户信任度——“一个销售都这么懂啊，产品估计挺靠谱”。

在公司还有很多咨询师，他有很多机会向他们请教，向高手学习，速度也快很多。更有趣的是，上班结识的很多客户，成为他下班写作的来源——通过了解和访问不同行业的高管，他的文字也源源不断……

这样公司愿意吗？当然愿意啊。销售额在上升，在传播自己的品牌，也在传播公司的品牌。这是双赢。

这种模式比下班后单独搞咨询，速度快了很多。因为咨询除了需要积累经验、专业知识和名气，更重要的核心能力是一种“能通过交流助人发展”的沟通能力。如果你只在咨询中练习——刚入门的咨询师，最大的问题就是没有案例，为了这个宁愿花钱去实习——机会很少，速度很慢。其实这种发展型沟通的能力，在咨询中能练习，在销售、汇报、交流、协作和采访中……也都有练习的机会。

既然这样，为什么不在上班的时候练习呢？

你会意识到，所有能改变你人生的工作、生活和机会，都意味着某种底层核心能力的提升。而处处有练习机会，你几乎能在所有的白天工作时间里找到修炼这个能力的机会。

在下班时培养梦想，在工作中练习梦想——这会让技能发展更快。更重要的是，这个方式可以让未来的梦想和现在的工作连接起来，形成正循环。

很多人的模式是：不喜欢上班，就单独搞一个未来，弥补一下自己痛苦的生活——上班痛苦赚钱买自由，下班用自由买快乐缓一缓，第二天继续痛苦上班赚钱……

这样的痛苦如钟摆，永无止境。其实，你可以这样玩：

- 兴趣的玩法是：兴趣→能力
- 工作的玩法是：已有能力→收益
- 梦想的玩法是：兴趣→能力→收益

从这个角度看，梦想和工作不是对立关系，而是因果关系。梦想是一份你喜欢的、还没有孵化出来的工作，孵化它需要持续的热情投入与回报——单独依靠下班后的 4 小时，很难走通闭环。我们参加各种在线社群，各种打卡、签到、鼓励，就是为了获得这个持续的力量。

其实你忽略了，工作场所就是个特别好的反馈系统。一旦你开始培养一些新能力——思考能力、学习能力、沟通能力、视觉表达能力、自我管理能力、讲故事的能力——你应该了解这些能力在真实职业中的应用和兑现方式。做得不好，有人给你回应；做得好，有人给你鼓励。因为你本来能力就强，所以做砸了也不会太受打击。

只有当你清晰地看到下班后的投入在工作中兑现出来的价值，你才会更加坚定自己的信心，愿意继续投入。

这种坚持不是毅力的结果，而是设计的结果。与其下班后搞梦想，不如上班的时候直接练习梦想。

上下班分离的策略会让上班、下班都痛苦，而最好的方式是整合两者——让新的能力汇入老的工作中，获得新收益，最后强化新方向——让下班4小时的改变，一步步蔓延到你上班的8小时中去，乃至发展成整体的改变。

在下班时培养梦想，在工作中练习梦想——也是一个让改变更持续的策略。“整合梦想与工作”的优势在于：

精力更多。上班时间更长，精力更多。不管你主观意愿如何，这都是你一天里面最有精力的一段时间。等你回到家再挤出4小时，精力往往就不够用了。

机会更多。工作中的资源多，你的大部分社会资源其实都在工作中。如果你的梦想最后要兑现，不妨从你资源最大的地方开始思考。

收益最大。单独的能力一开始很不好兑现，但是整合起来很有用——好的演讲能力也许能让团队士气大振，完成销售目标；好的写作能力也许能让一个产品爆发——把你的小能力点缀在原来的能力系统上，整体打包出售，价值会更高。

你肯定刷过赵星童鞋写的《下班后2小时，决定你成为怎样的人》。其实赵星恰恰是个极其努力的整合型选手。她晚上读书，白天工作输出；白天的经历，晚上写作输出——写作为她带来了名声和影响力，名声为她提供更好的平台，而平台也反过来放大她的影响力。她的人生得到改变，就是从下班后 2 小时，到上班 8 小时，再到整个人生的。

梦想可以在工作中练习，反过来说——工作也是实现梦想的一种练习。即使有一天你完全进入你的人生梦想，也需要很多很多梦想以外的能力，这些能力在现在的工作中，都可以得到锻炼。

就如乌拉喵在她的简书文章里所说：

- 一个上班时拖拖拉拉的人，会在下班后鸡血满满地学英语吗？
- 一个上班时溜号偷懒的人，会在下班后去健身房挥汗如雨吗？
- 一个上班时开会走神的人，会在下班后认真读书记笔记吗？
- 如果你在工作中就没有全身心投入，在下班后难道就不会三心二意吗？
- 在没有任何约束和督促的环境里，你真的觉得你会比工作时更高效吗？

未来支持你梦想的能力，都是现在上班的时候练出来的。

难以想象，一个自我管理不好、不懂得说话、缺乏基础商务能力的人，会在下班以后突然变成一个自律、八面玲珑又懂得经营自己的人。因为这些也都是“底层核心能力”，在支持你的人生发生改变。

工作还能培养一种更重要的底层能力——把不喜欢的事情做到80分。即使是你最热爱的工作，也至少有30%是你不那么喜欢的。当各自优秀的地方没法比，但是差的地方看得出来的时候，谁能做到80分，谁就赢了。

把手头不喜欢的事情全力做好，让身边认识你的人更加喜欢你，本身就是一种梦想练习，等梦想砸过来，你才能hold得住它不好的一面。

最可悲的不是没有机会，而是有了机会，你根本抓不住，因为你没有准备。

Facebook的COO桑德伯格每天坚持5点半下班，这种效率能帮她实现任何梦想。一个人是从成功走向成功，而不是从失败走向成功的。

近年来，创业界流行“创二代”的说法：从BAT出来的做互联网，从央视、湖南卫视出来的做节目，从《中国企业家》出来的做内容，从新东方出来的做教育……他们之所以现在可以做自己想做的事，是因为他们之前在自己的工作中，一直在做梦想练习。

成长不是集中突击，而是一个生活方式。

拿我减肥举例子。从开年到现在，从 85 公斤到 78 公斤，一共减了 7 公斤，身体的各项指标，如新陈代谢、脂肪率、内脏脂肪率也逐渐恢复正常。更重要的是，我没有进行高强度的运动，没有痛苦地节食，只用了一种很自然舒服的方式。

我曾是个自虐爱好者，周六、周日骑行 80 公里，或者山里驴行两天是常有的事。虽然折腾一次能轻很多，但过几天又回去了。

后来在橙子学院里认识了做健康管理的飞鱼，他提出了一个很有趣的观点——我以前专门抽出 1 小时狂虐自己的方法无效，减肥是 24 小时的，核心是一个良好的健康习惯，要饮食观、运动观、作息观统一。按照某个配比来饮食，每天喝足够的水，要有充足的睡眠（这个还没有搞好啊），然后做恰当的肌肉训练（提高新陈代谢），最后是正确的身体姿态。

做到前面三个，即使没有集中的大量运动，体重也会自然降下来。而做到后面两个，身体会保持好的状态，不会反弹。吃饭、睡觉、喝水、走路、端坐等习惯好了，24 小时都在瘦，不用再每天专门花时间出去健身。

这个想法对我启发很大——成长其实也是 24 小时的，自自然然的生活方式。这个状态应该横跨上下班，蔓延到工作与生活中，而不是大半夜坚持两个小时的事。

最好的成长方式，不是晚上加班突击两个小时，而是在某一个领域整体提升你思想的新陈代谢率——晚上学习新知，白天 8 小时要时刻找机会刻意训练。

所以，重新审视关于上下班努力的假设，你是不是有所改观？

其实，上班也有机会做自己想做的事。即使上班没机会做自己想做的事，也在锻炼未来自我实现的能力。与其在下班后集中突击，不如平时多做训练，那样效果会更好。

下班后的 4 小时重要，但上班时的 8 小时更要珍惜——如果你能认识到两者之间的紧密关系，甚至认识到这两者就是一件事。那么你就会明白，精力、资源、平台和价值都更大的 8 小时，应该是你梦想的修炼场。当然，你也需要下班后的 4 小时为自己注入新知、设定训练方向，以及提醒自己常常刷这篇文章。

为什么他们干得比你少，却挣得比你多

小宋老师

一次同学聚会上，酒足饭饱后，大家聊起了各自的年薪。老同学华仔在一家世界500强公司上班，年薪20万；另一老同学强仔在一所学校上班，年薪10万。

同学聚会有时也很现实，年薪高的华仔显得高人一等，被很多同学围着扯东扯西聊个不停；年薪低一点的强仔主动去和别人找话题聊天，聊了上句没下句，显得冷冷清清的。

我跟华仔和强仔都聊了一会儿，结果发现了一个秘密：虽然华仔的年薪比强仔要高，但是强仔的时薪更高。

不信你算一下：华仔几乎每天都要加班，每天工作时间在16个小时左右，晚上能10点准时下班都算幸运了；强仔由于在学校工作，除了上课、批改作业以及参加教研活动之外，其他时间几乎都可以自己安排，每天的工作时间绝对不会超过 8 小时。

除此之外，强仔每年还有将近 3 个月的寒暑假时间。

也就是说，与强仔每天工作不到 8 小时赚得的 10 万年薪相比，华仔花了比两倍还要多的时间，才赚到这 20 万年薪。

如果用华仔和强仔的年薪，分别除以两个人在一年当中的工作时间（工作小时总数），我们不难发现，强仔的时薪（单位时间产出）要比华仔高。

知名职业生涯规划师古典老师曾经说过：“作为职业规划师，我想告诉你关于工资的一个秘密，年薪和月薪都是相当有欺骗性的东西，真正起作用的，是时薪——你一定要看看自己的单位时间是否更加值钱。工资不等于月薪，也不等于年薪，工资等于时薪。”

我曾经在英语培训机构工作，也曾经拿着一份看似不低的年薪，但我知道，这是长时间高强度的投入换出来的。

当时我教中学英语，每个小时的薪酬大约 150 元钱，一天上 6 小时的课，大概会有 900 元钱的收入；而当时我的一个朋友在国外考试部上课，每个小时的薪酬有 800 元钱。

也就是说，他每天只要上课 1 小时，就和我工作 6 小时累死累活赚的薪水差不多了。后来，由于长时间高强度地上课，我的身体终于吃不消了，最终从培训机构辞职了。

这件事让我有很大的触动，我终于明白，想要赚得更高的薪水，靠谱的方法是提高自己的时薪，而不是累死累活地通过延长工作时间去赚钱。

在工作上投入更多的时间去赚取更多薪水，这种方式是“资源耗竭型”发展，并不是可持续发展。

那么，如何才能提高自己的单位时间产出，提高自己的时薪呢？下面有三个具体的方法：

1. 投资自己，提升身价

投资自己的方式有很多，例如多读书、多参加培训、多考取证书都是投资自己的正确方式。在这里，我还要进一步说明：

多读书还不够，最好还能在读完书之后写些文章。坚持高质量地输出，并争取在高质量的平台上发表，这样渐渐地就会聚集一部分粉丝，粉丝多了，你的身价也会水涨船高。

多参加高质量的培训。如果你有志在某个领域取得长远的发展，就要努力争取机会去跟着这个领域内最牛的人学习。如果是该领域的大牛举办培训班，就要想尽一切办法去参加，因为大牛的身边往往集聚着优质的资源，这就意味着会有潜在的可能性与机会。

最后一条就是，在某些领域考取含金量高的资格证书，能极大地提升你的价值。如果你想做心理咨询，但你没有国家二级心理咨询师证书；如果你想做翻译，却没有考取相关的翻译资格证书，那么你的专业性和时薪都会大打折扣。

2. 借助平台，学会借力

好朋友觉得我的课讲得不错，于是想邀请我到他们公司去做一天的讲座。当时我咬了咬牙，开价 2000 元。最终，朋友的上司却选择了另外一位培训师去做培训，这位培训师来自一家国内知名的管理咨询公司，一天的培训费用为 9800 元。

后来，朋友告诉我说：“那位培训师的现场授课效果并没有你的好，但是因为他来自知名的管理咨询公司，所以我的上司最终还是选择了他。”

这就是平台的重要性啊！

在学生时代，我做家教辅导小孩子英语，平均一个小时收费 50 元钱。进入新东方工作之后，我给学生做一对一辅导的收费是每小时 350 元。为什么同样是做一对一辅导，每小时的收费差距可以这么大？原因就在于新东方的平台大、名气大，家长就愿意掏更多的钱送孩子过来学习。

所以，**想要提高自己的身价，就要学会借力，向更大的平台靠拢。**

3. 学会外包，善于聚焦

想要提高自己的时薪，其实并不容易，因为我们很容易被各种各样的杂事缠身，从而忘记去做那些不算紧急但十分重要的事情。

我曾在一本书上读到过这样一句话，至今受用：“如果你每天都在做十分重要的事，你就会成为十分重要的人；如果你每天都在做不太重要的事，那么你就会成为不太重要的人。”

所以，为了能够集中精力去做那些更重要的事情，我们一定要有外包的思维。

我的学妹杨小米，当她的订阅号粉丝过万的时候，她就开始付费聘请一位大学生来帮她的订阅号文章排版，而她自己就能抽身去做更重要的事情，如读书、写文章等。

做订阅号的朋友都知道，一篇订阅号的文章写好之后，至少还要再花费 1 个小时来排版和校对，但如果能把这 1 个小时用来写文章，可能一篇文章的初稿都写完了。

前一段时间，有人在周末预约我做心理咨询，并且希望能够和我面谈，但是被我婉拒了。

我建议对方将面对面咨询改成微信语音咨询，而实际上面谈 1 小时的收费是 300 元，微信语音聊天的收费是 200 元。面谈的话我的收益无疑更高，那我为什么依然建议对方用微信语音咨询呢？

答案还是出在时薪上。我家住在郊区，去市中心至少要花费 1 小时，面谈 1 小时后，回家还得花 1 小时，这样一来，做一次面谈咨询总共要花费 3 个小时。

也就意味着，我要花费 3 个小时才能赚 300 元钱。也就是说，我的时薪是 100 元钱。

不是我太算计金钱，而是我太不想去浪费时间。通过微信语音进行咨询，就可以省去花费在路上的交通时间，我每个小时的时薪就是 200 元钱。

然而现在，每小时 200 元的微信语音咨询我也不太想接了，因为时间太宝贵了。我想利用有限的空闲时间去提高自己的咨询功底，进而将自己的时薪提升到 500 元甚至是千元以上。

于是，我开始利用周末时间阅读更多的专业书籍，花钱参加更多的心理培训，争取更多的机会去接受案例督导。说实话，我已经连续好几个周末没怎么好好休息了，这一切投入，都是为了能够提升自己的单位时间产出，最终提升自己的时薪。

总之，一个人的真正实力反映在他的时薪上，而不是年薪上。此刻的你如果强烈感觉到自己的时薪不够高，那么当下最该干的事儿，不是去想尽办法挣外快，而是不断地投资自己，拼命地提高自己的实力，为的就是获得提升自己单位产出的资本。

当你感觉碌碌无为的时候，不妨停下来问自己两个问题：我的一个小时到底值多少钱？怎样才能提高自己的时薪？回答好这两个问题，才是实现收入突破的关键。

我就是明明知道，却偏偏做不到

野和尚

相信你曾有过这样的体验：

曾经痛下决心，今晚开始不再熬夜，可没过几天，老毛病又犯了。

曾经热血沸腾地说，从明天起开始健身！结果坚持了不到两周，就宣布计划搁浅。

看了一本书，听了一堂课，回来如同打了一针鸡血，下定决心要改变自己，顺手还发了条朋友圈：努力遇见一个更美好的自己。结果到最后，只看见了一个更狗血的自己……

明明知道也想要，可就是做不到。

Why？

想要回答这个问题，有四点真相你需要知道。

知道但做不到，是因为你总是在暗示自己做不到

M 是一个“否定上瘾者”，因为她总是习惯性地去否定一切。

工作不开心，她就否定工作和领导：“这份工作，真是如同鸡肋……”“我们领导，真是没什么水平……”

培训刚结束，她已经开始否定课程和老师：“都说这课程多牛，可我看就有很多漏洞，比如……”“我看那老师，也就那样……”

M 仿佛练就了一双火眼金睛，总能够敏锐地发现生活里的小瑕疵。

后来，公司有一个内部岗位竞聘的机会，M 报了名，看得出来她确实很想争取。

照理说，以 M 的资历和能力，拿下这个岗位肯定没问题。

可眼瞅着竞聘要开始了，M 又陷入了自我否定的旋涡：“我的 PPT 做得不够好”“我一直不擅长演讲”“我不能很好地跟领导相处”……

不出所料，M 输得一塌糊涂。

习惯性的负面思维，会蒙蔽你看到更多可能性的双眼，甚至会让你产生对抗性，阻碍你去思考改善现状的办法。

当你否定一切，甚至否定了自己，你也就很难再做成些什么。

知道但做不到，是因为你想得太多而无法聚焦

小胖去听了某位大咖的一场读书讲座，回来以后兴致勃勃地宣布，要启动自己宏大的读书计划。

他甚至照着大咖开出的书单买了一堆书，摩拳擦掌准备大干一场。

可读书计划还没开始实施，刚过了几天，小胖又跟我说，他想开一个公众号。

“公众号可以用来写我的读书心得，×××（大咖的名字）说读书需要跟别人分享，这样才能收获最大化。”

我说：“想法挺好，不过你得先把读书计划执行起来，后续的事情可以再说。”

小胖不说话了，低头撸着他手里的串儿。

事情还没完。

过了一个月，我问小胖："你那读书计划搞得咋样？"

"第一本书刚读了一半，不过关于读书，我又有了一个新的想法……"小胖开始滔滔不绝地讲起来。

唉，真心要给这死胖子跪了，他的想法太多了，可问题是，你得去干呀。

最后，小胖的读书计划还是破产了。

简则明，多则惑。想法太多而无法聚焦，只靠想而不去行动，就什么也留不住。

知道但做不到，是因为你没有危机意识

华子终于宣布要戒酒了，这让我们都大吃一惊，因为华子常说：唯女人和美酒不可辜负。

一个圣诞夜，在星座酒吧，华子的公司和 B 公司一起搞联谊。

也不知咋回事，华子和 B 公司的 D 戗上了。

两人放弃武斗，决定以拼酒一决高下。结果华子喝得胃出血，进了医院。

在经过了阵痛之后，华子痛下决心，再次开始了他的戒酒之旅。

可没过多久，在几个朋友的饭局上，我看到华子仍旧是喝得最凶的那个。

“你不是戒了吗？”我问华子。

华子说：“本来要戒的，可后来经不住朋友劝。再说了，少喝点也没啥事，不可能每次都喝到胃出血呀，以后再慢慢戒……”

我听完，也就不再说什么了。

即便遭受了胃出血的惨痛教训，华子仍旧不把戒酒当个事，他又如何保证将来能把酒戒掉？

我们明明知道有些事情应该做，但因为它目前看上去似乎并不紧急，加上自己缺乏危机意识，所以不自觉地就将它无限延期了，最后还是得被生活教育：出来混，总是要还的。

知道但做不到，是因为你的内心并不认可你所做的事

当你并不真正认同你所做的事，连你的价值观也跟它并不一致时，你就很难全心全意地去做它，甚至还会自己找借口。

上文提到的“否定上瘾者”M，她不知道正面思考很重要吗？她知道。可是，在她的价值体系里，当一个批判者比当一个美的发现者更重要，于是她总也改不掉负面思考的毛病。

小胖不知道读书很重要吗？他知道。可是在他的价值体系里，享受人际交往的快感比读书更重要，于是他总是热衷于社交而无法专心读书。

华子不知道戒酒很重要吗？他知道。可是在他的价值体系里，面子和当下的欢娱都比戒酒重要，所以他总是没有办法真正戒掉。

价值观是我们心里那双“看不见的手”，它会主导我们的判断，接着影响我们当下每时每刻的行为。

唯有当你的内心真正认同你所做的事时，你才会想尽一切办法去做它，即便遇到困难，你也会相信问题总会被解决。

不过，知道但做不到并非我们的终极宿命，它是可以改变的。那么，该如何才能既知道又能做到呢？

1. 正面思考，及时跟踪

如果你老是在抱怨和否定，就尝试着不去做生活的差评师，多试几回，直到你体会到肯定与接纳的好处。比如通过正面思考，你发现了更多的可能性和解决方案，并最终顺利解决问题。

同时，制订可跟踪的行动方案，借助外力来监督。比如，你无法坚持早起，就可以加入一些早起群，通过准点打卡和同伴的监督，让自己做到早起。

2. 简化目标，聚焦行动

简化目标，是帮你抓住重点和保持专注。比如，制订年计划可以涵盖很多目标，但核心目标最好保持在两到三个，这样才能做到有的放矢；听完一堂课或看完一本书，没有必要刻意记住所有内容，而是抽取对自己最有用的几个点，这样才能够快速地吸收和行动。

聚焦行动，则需要化大为小和强化重复。

化大为小，是把长远目标拆解为眼前的小目标。比如你的长远目标是半年内减肥 10 公斤，把目标拆解到最后，可能你就得到每天要跑步 90 分钟的小目标，这就更加具体且可执行。

强化重复，是将一件需要反复做的事情设为你的目标，比如每天看半小时的书，开会或听课时要勤记笔记。

3. 建立危机意识，先行动起来

危机意识的强化，一方面是来自自身经历的领悟。比如，人在生了一场大病之后，就更容易认识到健康的重要性，从而能坚持运动。

另一方面是来自对别人经历的感知。比如，当我们看过天灾中一些人的经历之后，会更容易珍惜眼前和亲情。

先行动起来，意味着有时我们并不需要用计划来指导行动，而是用行动来带动计划。

比如前面提到的小胖读书那件事，其实小胖根本没必要先制订个读书计划再真正开始读书，而应该先去读书，读着读着，觉得读出点意思了，也逐渐掌握了读书的频率和速度，然后再制订个靠谱点的读书计划，这样更容易达成。

4. 真正接纳并认可你所做的事

要真正地接纳和认可你所做的事，可以试试以下这几点：

寻找榜样的力量。看看身边跟你做同样事情的前辈或者同行，他们是如何做成并且坚持下来的，你能从里面学到做成事情的方法和精神动力。

想清楚做这件事情的受益点。做成这件事能给你带来哪些好处，比如减肥成功，可以让身材更健美，可以让身心更健康……用从这件事中获得的好处来激励自己。

选你所爱。因为热爱，所以更容易坚持和自我认可。

与内心对话。安静的时候问一问自己，我想要的到底是什么？那些影响我至深的价值观是什么？我为什么活着？如此，可以找到更多的内在动机和力量。

从知道到做到，中间还有一道深深的鸿沟，想要跨越并不容易，正所谓“知易，行难；行易，持难”。希望你能从知道到做到，走出自己的体验之路！

你坚持不下去，是因为你很久没有成就感了

剽悍一只猫

今天将 15 个编织袋的书交给了物流公司，晚上做了一场在线分享，正愁没什么东西写。

天无绝人之路，刚才看到一条留言，原文是这样的：

亲爱的猫老师，今天晚上我终于体验到了老师说的成就感，被肯定的感觉太好了，我一定会继续努力！

我不知道这位同学到底做了什么事儿，有了怎样的成绩。哈哈，不管怎么样，恭喜你！

这次，我们来聊聊成就感吧。

之前在一些分享里提到过，在坚持做一件事情的过程中，成就

感真的很重要，如果它迟迟不来，你很可能会放弃。

那么，什么叫成就感？

在我看来，就是做事过程中收获的喜悦，比如被人肯定，挣了钱，写文章上了简书首页。

在很多人眼里，我是一个很能坚持的人，其实，我想说，我是一个幸运的人。2015 年 12 月，连续写了十几天以后，我就有两篇文章被大号转载，获得很多赞誉。

正是因为这两篇文章，我才萌生了做公众号的想法，才有了原始的动力。

很难想象，如果我写了大半年仍旧默默无闻，我会何去何从。

因此，大家在坚持的过程中，一定要注意成就感这个问题，不能让它来得太迟。

如果你在学英语，学了一段时间，有了一些靠谱的实战心得体会，是不是可以找机会分享出去，在帮助别人的同时，获得被认可的成就感？

我在大一的时候，很努力地去提升自己的英语能力，到了暑假，我接了两个家教的活儿，一个月能挣到两三千元（很多年前，这对我来说是巨款），而且获得了学生和家长的喜爱。这时候，我学英语的热情就被激发起来了，多年以后，我还做了英语老师。

十点读书会有个姓林的女生，在我的印象里，她是一个很努力的人，在一些打卡活动里表现非常突出。

她每天在朋友圈里分享自己的打卡内容，这些内容被一个特别厉害的大咖——当地同声传译界的一姐看到了。

这位大咖邀请小林同学去她的社群做了分享，对她赞誉有加。

后来，我还鼓励小林参与了读书会班委的竞选，她成功了。

我相信，现在的小林，会比以前更能坚持，更有动力。因为，她有了十足的成就感。

获取成就感的最好途径就是展示，展示自己的成绩。

现在有一些 APP，可以记录人一天走路的里程，你可以分享自己的“战绩”，好友之间还可以排名，刺激人们更加努力地坚持下去。

互联网时代，要想展示自己，其实很简单，各种 APP，各种社群，各种平台。

之前有朋友写文章，只是自己埋头苦写，我让他把文章放到简书，让更多人看到，获得更多的反馈，说不定还能有意外收获。

但他始终觉得自己写的东西不够好，不敢发出去。

所以，他的进步真的不如那些敢于展示的朋友快，包括粉丝数，甚至是文章质量。

我有好多文章是为了迎合读者的口味和需求而写，有几篇甚至不是我自己想写的。

因为我知道，如果我只是写自己想写的，而不考虑读者的需求，我的文章会没人看。然后，我会坚持不下去。

不过现在好多了，我已经开始平衡“我想写”和“读者需要我写”之间的关系了，让这两者并不冲突。

我们都只是人，不是神。也许有人内心足够强大，强大到不需要从外界获取成就感，也能坚持做一件事情。

可惜，我不是这种人，我的内心不够强大。相信看这篇文章的大多数人，也不是。

我们都需要成就感来刺激自己，让自己不要放弃。

这就好比和一个陌生人相处，如果对方不能给你带来好的感觉，你还会跟 TA 有进一步的发展吗？除非你有特别的企图。比如工作需要，比如有求于人。

做事情也是如此。

如果你在坚持做一件事情，是不是应该想想：我的成就感可能在哪里？我怎样才能获得成就感，让它不要太晚才来？

愿你能坚持做自己喜欢的事情，早日收获成就感，拥有自己的核心竞争力。

CHAPTER
04

成长也会有套路

任何人在进入新领域时，
想要克服初期的迷茫和手足无措，
最好的策略就是：
找一个优秀的、
信息披露充分的、
和自身资源相匹配的对象进行模仿。

高效能才是真的高效率

古 典

我的微信后台连着收到两条留言：

古典老师，我元旦时计划今年读 100 本书，现在一年都过去四分之一了，10 本都没看完。你有什么好的读书方法推荐给我吗？

古典老师，我很想学好英语，计划每天背 50 个单词，可总是不能很好地坚持，怎么办？

不知道从什么时候开始，很多人形成了这样一个思路：一提到成长、学习，就想到读书、背单词；一提到读书、背单词，就是一年 100 本、一天 50 个单词的计划。再往下，就是 90% 的人一定完不成，10% 的人好不容易完成了，却发现好像并没有什么卵用。

为什么呢？

有一本书很出名，叫《高效能人士的七个习惯》，虽然书名土得简直像祖传八代的鸡汤，但看懂了会发现其实是实打实的干货。我基本上在三年里看了三遍，做老师时看了一遍，做管理时也看了一遍，现在去做战略又看了一遍，还带着团队一起读过，每次都有新的启发。

这本书给我印象最深的是它区分了两样东西——效能和效率，拽一拽英文的话，就是 effective 和 efficiency 这两个单词之间的区别。

其实，大部分人很容易把“效能”当“效率”来玩。

相信你在朋友圈经常看到有人打卡背单词，有的甚至每天背几百个，看上去很厉害。

如果你要考四六级，考雅思托福，背些单词打基础是对的。但如果是为了学习口语，其实英语中的常用词只有 1000 多个，已经涵盖了阅读中 80%、口语中 97% 的词汇。所以，你不需要一下子背 1 万个单词，甚至从理论上来说，前 10 天你就能把口语常用单词背完，接下来的时间，你只需要反复去运用它们。

那些你在应试时养成的、现在还在沿用的习惯，并不是一个高效能的学习方式，只是一种高效率的、获得认证的方式。

所以你有没有发现，其实效能和效率是两件事情。

再比如说，很多在团队里做管理的人每天会很忙，很有效率，做事情非常快，比他们的下级快很多倍。其实，很多一线管理者经常会有这种情况，因为他来自下级，他当年就是因为做事特快、特稳、特准、特好才脱颖而出的。但是你会发现，这样的管理者会越来越绝望，因为随着事情越来越多，他做的事情也越来越多，但他的手下却越来越糟糕，越来越懒惰。

那么，这是为什么呢？

很简单，因为作为管理者，亲自把事情做完是一个很高效率却很低效能的行为。管理者的核心工作应该是招人、育人——教他们怎么做，把活儿授权出去。否则你会发现，一个管理者会变得越来越厉害，但团队越来越差劲——最开始下属的能力可能是 8，你的能力是 12；随着你的狂练，自己变成了 16，但你的下属因为长期不练，你还什么事儿都冲到前面，他们的能力可能就自动退化成 7 了。

中国也有杀鸡取卵的故事——鸡每天都生一个蛋，人为了多要鸡蛋，把鸡给杀了，取出了鸡肚子里面全部的蛋。你会发现，杀鸡取卵这个动作就是当时效率很高，却彻底损失了效能。

所以，我举了这么多例子，你能不能区分效能和效率呢？

我认为效能是要比效率重要很多倍的，效能是指未来有可能达成的产量问题，效率只是你当日的产出问题。

我女儿第一天去幼儿园的时候，她如果一旦知道自己从 3 岁开始，到 18 岁都得以这样的方式生活，可能就咬舌自尽了。幸亏她并不知道，毫不知情地去了幼儿园，而且她觉得幼儿园特别好。这是为什么呢？因为早在两个月前，我们就不断地给她做思想工作。

有的爸爸妈妈在家里会说：

“别吵啊，再吵就把你送幼儿园！”

“别吵啊，你这么弄，去幼儿园老师会说死你的。”

“你这么弄，小朋友们会不喜欢你的。”

这么一来，孩子是不是会很害怕——我在家里什么都好，但是幼儿园的老师和同学都会对我有很高的要求。

我们家是倒过来的。两个月之前，我们就和她说：

“你别吵啊，再吵就不送你去幼儿园了！”

这时候她一定会想，幼儿园一定是一个很好的地方，不然为什么不送呢？慢慢地，她就会觉得幼儿园真好。

到了幼儿园门口，我们还会做两件事情：

第一件事情，我们会和她说：“你可以哭，但是哭完以后，你还是要继续待在这个地方。”而不是说：“你千万不要哭。”我们从小就和她说得很清楚，哭是很正常的，摔一跤，哭就哭吧。我们坐在旁边看你哭，哭完以后做什么呢？该起来起来，该玩儿就去玩儿了。

第二件事情，妈妈会在她的手上亲一下说：

“你要想妈妈，就把这个吻贴在自己脸上。这个吻洗也洗不掉的，晚上妈妈还要把这个吻收回来。”

所以你看，其实我们对于上幼儿园这件事情，只在这几点上下了功夫：

第一个就是在家里告诉她，不要吵，再吵不送你上幼儿园。

第二个就是让她明白，哭很正常，好好哭，然后好好玩。

第三个就是正式进入幼儿园之前告诉她，如果你想妈妈了，有个吻可以留在手心，洗也洗不掉的。

相比于很多人为了上学这件事要和孩子斗争好多年，我们的工作可能很少，但是对结果的影响却很大。这其实也是效能和效率的区别。

我特别想跟大家说，这个时代，别再一味地搞提升效率的事情了。因为在效率层面，你很可能是干不过电脑的。

我背了很多单词，却不知道怎么用；我读了 100 本书，却不知道为什么要读，读到哪儿了，为什么是这 100 本书，不是那 100 本书……其实都是在做有效率而非有效能的事情，而且我相信，一台电脑真的做得不会比你差。

我们真正能提高的，是效能而不是效率，因为效率是有极限的。你哪怕24小时不睡觉，也只能比别人多8个小时。但是为什么同样的时间里，有些人能做超出你10倍、20倍的事情。那一定不是他的效率比你高10倍、20倍，而是因为他的效能比你高。

在互联网时代，在这个电脑的效率比你的效率高很多的时代，你唯一能做的，就是提高你的效能。

同样付出那么多，成果怎样才能翻 4 倍

古 典

前一篇介绍“高效能”与“高效率”的区别，只要你真的理解这个区别，就可以找到一件事情里真正值得努力的部分了，当然也就能比别人更快得到价值。

那么，你有没有想过，高效能的本质是什么？

高效能的本质，就是如何用同样的资源产出更多的结果。这个思路应用在投资、商业、技术等方面，本质都是一个意思：当资源都相同的情况下，我们用怎样的方式来配置，才会产生更多的结果？

举个例子，小强的自我管理课程里第一课讲到的高效能招数：列清单——很多想法在你脑子里产生内耗，一条条把它写下来，思

路就清晰了，资源就盘活了。

这一个简单的过程，其实就用到了很多手机软件，不只有时间管理应用，还有类似的一键清理缓存功能，其实就是把手机脑子（内存）里的东西存到硬盘里去。内存清空，你自然就会觉得思考空间变大。就好像你把电脑上的窗口一个一个关掉，关到最后，你会发现电脑的运行速度快了很多。所以电脑的设计与人脑的设计，包括你在自我管理课程中列的清单，都是同样的东西。

"高效能"里底层的逻辑就是"二八原则"。不过，我讲的可能和你理解的完全不一样。在"个人成长的五个正确姿势"里，我讲到了这个二八原则，很多人听完都回复我说，二八原则的三次方用法，极大地刷新了三观。

真正吓人的不是新东西，而是一个老东西——你以为理解了很多年，其实却从来没懂。

今天我就稍微精讲一下这个原则，举两个例子你就明白了。

第一个例子：如何把20元的钢笔卖到200元?

我一个哥们儿正在做这个事情，他是做礼品钢笔的，成本一二十元的钢笔，他基本上能卖到七八十元，一年出货三四万个，到顶儿了。

再往下面做，要提价，就会跟LAMY、派克这些钢笔冲突——他的牌子明显干不过。那么，怎样才能把他的生意做大?

我就问他：“你是想卖给客户更高的价钱，还是卖给更多的客户？”

这是两个概念。卖给客户的价格更高，你就需要在产品线上下功夫；而卖给更多客户，你就需要在营销上面下功夫。他选了前者。

好，那我们讨论如何把一支钢笔卖到 200 元。

他原来的思路是这样子的：现在 20 元投资，卖 80 元的价格。那么，他可以再花 80 元打磨这个产品，然后买最好的钢笔、最好的工艺，但这个钢笔可能也就卖 100 元。

这就是我说的“二八定律”，20% 的钱能做 80% 的好钢笔。而你要做 100% 的好钢笔，就需要投入 100 元，而且这个时候还面临很多的 PK。

这时候，你可以换一个别的方式来做。

你要思考，客户买你的钢笔，其实是买一个礼品，并不是买一个书写工具，所以他并不在乎它是 80 分的好写，还是 100 分的好写。你可以考虑开启“横向的二八”模式。

首先，你会发现在笔本身上的投入很容易饱和，那你是不是可以选择把另外的 80 元花在别的地方？

1. 用 20 元订购一个牛 × 的包装。20 元已经可以买很好的包装了，甚至可以做成铝合金外盒，里面镶棉，再镶黑色的天鹅绒。这个时候，你送的不是一个笔，而是一个精致的礼品。

2. 如果你一年卖 1 万支钢笔，那你是否可以花 2 万元，找一个设计师和视频制作团队，打造一个极其漂亮的小宣传单页以及一个极其漂亮的视频（一般的创意视频也就两三万元）。

3. 继续，你能不能再花 20 元，给钢笔配一个特别精致的小礼品。20 元可以买到一盒中等的碳素墨水、质量很好的笔记本（市面上大部分卖四五十元的笔记本成本也就不到 20 元）、笔架、裁纸刀……总之，各种提升品质的东西。

4. 你还可以把另外 20 元返利给购买它的人。这里面可以分两种情况：

如果你是对企业销售的，可以直接给埋单人作为回扣，他能高兴死。

如果你是在朋友圈发的话，那千万别直接给 20 元，太二了。你完全可以搞一个活动，比如，手写一行字发到朋友圈，集齐 5 个赞发给公众号，就有机会获得“手写达人”：一等奖 1 万元深度游给一个人，二等奖 iPad 给两个人，三等奖再给三个人，这一共也就 2 万元的预算。

乱七八糟的杂费肯定会上升，但是大头差不多还是 100 元，那么你卖的是什么东西呢？你听我给你举个例子感觉一下：

这是世界顶级的钢笔品牌之一（网页的话，还可配个高品质视频），它放在一个很好看的灰色或者彩色的盒子里面，盒子一打开，不仅有钢笔，还有放在天鹅绒衬底下的一把银色的裁纸小刀、一个精致的小笔记本……啊，简直是送礼极品。

最后，还有一张精美的卡片，上面写着：我们提倡精致的手写生活，如果把你最喜欢的一句话抄下来，和钢笔一起发到朋友圈，就有机会获得 1 万元的凤凰古城的寻笔之旅！

怎么样，是不是有点心潮澎湃？那这个能卖多少钱呢？

280 元标价，228 元促销，卖得挺好的。

这个例子虽然是一个纯商业事例，但讲的也是怎样用同样的价值换回来不同的结果，其实就是用到了横向的二八原则。因为你理解了买钢笔的人要买的是一种生活方式，是一种调性，这种调性除了笔本身，还有很多其他的要素。

找到一个目标，下面有多个要素的时候，你不如在每个要素上做 20% 的努力，那比你在一个地方做出 100% 努力要强很多！

放到个人成长这个领域，其实也是一个道理。

比如很多人都想做培训师，因为很快（两三年之内）培训会从出租车模式变成 Uber 模式——近年所有牛 × 的培训师都是掌握了讲课这个通用技能的各行各业的专业人士，而不是曾经四处讲课的专业培训师。橙子学院下个月准备开一门“分享力”的课程，教普通人如何做分享。

所以，如果你想成为一个好老师，该有哪些技能？

我们调查了100多个老师，包括来自大学、中学以及新东方等其他培训机构的最优秀老师，得出了五项综合技能，也就是说每个好老师都有这五项技能：

1. 专业知识：在所教授的领域，系统的、科学的、可验证的知识。

2. 课程设计：能够根据学生不同需求合理设计课程的能力。

3. 呈现能力：你如何通过语言、动作，包括课件、多媒体在内的形式去表达。

4. 个人魅力：独具特色的人格魅力。

5. 积极心态：积极的心态以及有重新进行内在修炼的系统。

可是大部分想做培训师的人，听完别人的课以后，都会以为自己专业知识不够，于是直奔着专业去了。请注意，这一奔就是一年。因为你可能四处学习听课后发现还是不够，于是一直学了下去。

你基本上是花百分之百的时间，把专业补到百分之百，但你还是发现，你远远地落下了——为什么呢？

因为一个真正聪明的老师，他懂得用20%的时间做到专业的80分——就像我并不一定要成为生涯规划学科的博士，我才开始讲课。

他们懂得二八原则的横向使用——专业差不多就好，然后研究一下课程是怎么设计的，怎样才能把它讲得更好，接下来怎样才能让自己显得更有魅力，最后研究一下哪种学习方法和内在调试是最好的。

如果你能用 100 分的努力，在五项中分别拿到 80 分，就不要费力在第一项上拿 100 分。因为横向二八原则能让你成为一个五项总分 400 分的老师，而这样一个 400 分的老师在平台、资源方面都会远胜于专业 100 分的老师——如果你在第一轮就比别人慢，那等你跑完五项全部内容，人家都上《百家讲坛》了。

简单来说，二八原则的横向使用就是希望你看到整个系统的所有要素，这会极大提升你的效能，因为你懂得在每个小系统里直接投 20%。

我们为什么要开阔眼界？为什么要读经典书？为什么要见大师？

因为看到全貌能提高效能，横向二八原则，讲的就是系统的力量。

下次我们讲纵向的二八原则和如何在系统与精深里面找到平衡的 PSPS 法则。

进入任何领域，怎样快速达到 80 分水平

吴寒笛

我刚上大学的时候十分羞涩（当然，现在也很羞涩），非常内向，不太会说话，所以很担心在男多女少的工科院校找不到女朋友。

后来听别人说，幽默的男生最讨女生欢心，于是我决定变得幽默一些。

但是，怎样才能变得幽默呢？

当时我的一个室友说话非常搞笑，于是，我决定山寨一下他的幽默风格。

每当他在寝室讲了黄段子，我在哈哈大笑的同时，都会用手机把段子记下来，背得滚瓜烂熟之后，再讲给别人听；当他讲了一句莫名其妙却十分好笑的话时，我也会研究笑点在哪儿，以及这句话

为什么好笑。

不知不觉中，我渐渐掌握了打破预期、制造反差、自我降格的幽默技巧，大家听我说话时发笑的次数越来越多，甚至到了后来，连那个室友都开始学习我的说话方式。

最终，我成了大家公认的“笑柄”。

再讲个故事吧，前两天，有人通过支付宝好友找到我，说自己做了个网站，不知道怎么推广，想请教一下我。

我说：“做 SEO（搜索引擎优化）吧。”

他问：“怎么做？”

我说：“发软文，铺百度知道，换外链，优化关键词，优化网站代码。”

他问：“具体怎么操作呢？”

我心想：我就是一江湖大忽悠，你问得这么具体，我哪答得上来？

沉默了一炷香的时间，我还真想到了办法，回答他说：“你可以看看竞争对手是怎么做的，在百度搜一下竞争对手的名字，看看他们在哪些地方以什么形式发了软文，铺了外链，或者设置了网站的什么关键词，你们依葫芦画瓢就行了。”

就这样，事情就这么解决了。

任何人在进入新领域时，初期都会很迷茫。光靠自主学习，无论是查资料、听课，还是请教专家，不仅效率低，作用也有限。

此时最好的策略是：找一个优秀的、信息披露充分的、和自身资源相匹配的对象，进行模仿。

那么，为什么要模仿呢？

假设关于成功有100个关键细节，而查资料、听课跟请教专家，最多也只能让你掌握30～50个细节，没法穷尽。

而模仿本身，在保证了系统性和一致性的前提下，能够帮助你掌握60～80个关键细节。

模仿的策略既然这么厉害，为什么各行各业还有那么多平均水准之下的公司、产品和个人呢？

那是因为：模仿本身是有门槛的。

模仿的目的是什么？怎样选择模仿对象？哪些环节需要模仿？如何控制模仿的风险？这些都是要仔细考虑的问题。

这篇文章，就是来帮大家思考这些问题，我们来逐个击破。

1. 模仿的目的

模仿的目的是让自己快速达到行业中上等水平。光靠模仿虽然很难达到行业顶尖水平，但是帮助一些水平较低的个人或团体快速达到行业中上等水平，还是可以满足的。

20 世纪 70 年代，日本足球处于低谷，连中国队都踢不过。于是日本足球开始模仿巴西足球，派遣留学生到巴西训练，请巴西教练来日本执教，用巴西队的战术来指导日本队的足球训练，他们甚至让一些巴西人入了日本籍，代表日本国家队出战。

这几十年，日本足球迅速崛起，在亚洲更是横扫所有对手，但他们跟欧洲和南美的强队比赛，还是处于下风。

可见模仿策略是有局限性的，它只能帮你从一个较低的水准快速达到行业中上等水平。要想成为顶尖选手，光靠模仿是不够的。只有你理解了这种局限，才能更好地发挥模仿的最大作用。

2. 模仿对象的选择

优秀的模仿对象，不仅水平要比你高，更重要的是 TA 的信息可获得，并与你的资源相匹配。

信息可获得，就是你能够获得模仿对象的大部分信息。

比如你在街上开了一家寿司店，你如果想模仿日本银座的米其林三星寿司店——二郎寿司，这就是不合理的选择。因为，你根本无法了解到二郎寿司足够多的细节。相比之下，把模仿对象定在 200 米外的回转寿司店，可能更适合你。

当你不知道请几个寿司师傅时，你可以去回转寿司店看看；当你不知道从哪里招到合适的寿司师傅时，你可以去回转寿司店打听打听；当地痞流氓找你收保护费，你不知该怎么应对时，可以观察一下回转寿司店是如何处理的。

这其中大部分你无从下手的问题，都可以通过模仿回转寿司来解决。对于刚入门的寿司店店长来说，可以说是最快的成长方式。

与你的资源相匹配，就是指你的模仿对象和你自身资源的匹配程度较高。

比如上文提到日本足球模仿巴西足球，为什么日本足球不去模仿西班牙、意大利跟德国？这些国家也是世界足球强国呀。

这是因为亚洲人的身体素质远远赶不上欧洲人，而西班牙、意大利、德国的优势，很大程度上依赖于他们自身优异的身体素质。即使日本足球的战术素养达到了上述国家的水平，也没有足够的身体条件将战术执行到位。

反观巴西队，他们的战术不太依赖于身体的强壮和冲击力，这对于身体条件一般的日本人来说非常适合。这也是日本队模仿巴西队能获得如此成功的重要原因。

3. 哪些环节可以模仿

简言之，拿手的环节不需要模仿，不太擅长的环节才需要模仿。

就拿我开公众号写作这事儿来说吧，一般做自媒体，有用和有趣都很重要。

在“有用”环节，我还是比较拿手的。不管是理论的专业度、思维的系统性，还是知识的深度和广度，我从出道以来就一直被大家认可（认真脸）。

但在“有趣”的环节，我一直觉得自己还做得不够好，所以自己也经常学习那些以“有趣”见长的顶尖自媒体，常常揣摩它们的选题方向和写作技巧。

4. 模仿的风险控制

模仿策略和其他所有策略一样，都有风险。因此，建议在大规模、全方位、大投入模仿别人之前，先小规模、单环节、小投入地试水一下，看看效果。

比如你看到朋友卖 ×× 保健品一夜暴富住上别墅了，你先别着急选址、开店、代理、囤货。你代理这个产品不一定能发财，因为你所在地域的“笨蛋”数量，可能赶不上你朋友所在的那个地方。

比较聪明的做法是，你先单买几件 ×× 保健品，放到朋友圈里测试一下，或者放到你隔壁二大爷开的小卖部里试销一下，要是走货情况良好，再考虑加大投入。

所以，任何人在进入新领域时，想要克服初期的迷茫和手足无措，最好的策略就是：找一个优秀的、信息披露充分的、和自身资源相匹配的对象进行模仿。

但是，就像我说过的，要想在中上等水平的基础上再往上蹿一蹿，达到顶尖水准，这就不在本文的讨论范围了。

不过，短时间内在新领域达到中上等水平，对于大多数人来说，就已经够用很长一阵子了。

一干活就分心，效率低总加班，你试过这个方法吗

陆 JJ

很多人抱怨自己效率低，问我有什么解决的办法。其实在过去很长一段时间里，我也对此束手无策。工作的时候，感觉整个人深陷于泥沼，要么被外界的诱惑驱使，要么输给内心的空洞乏力，最终总是败下阵来，甚至整整工作一天后，仍旧收获寥寥。

后来我提升效率重要的方法之一，便是培养自己的“仪式感”。

大约两年前，我在上海报过一个空手道的培训班。在那里，我曾经体验过无比艰苦的训练与意志上的摧残。我们的老师相当变态，从外貌到身材，和《街头霸王》里的隆相差无几，那是我第一次见到手臂和我腿一样粗的人。

每次训练开始，老师都会说一声“osu”。只要这个词一出现，老师周围一圈的人，神情都会立马严肃起来，连呼吸都会保持一种特有的节奏。

就是这个词，让我第一次感受到仪式感的力量与意义。因为它是一个敬意词、问候语，象征着耐力、决心以及坚持。

后来，我开始思考将这样一种充满仪式感的行为，应用到专注力与效率的提升上。

简单来说，仪式感就是一种强烈的自我暗示，是一种精神上的礼仪。应用到时间管理上，这种自我暗示就是一条明确的分界线，将人的生活状态与工作状态划分开来。

一旦完成了充满仪式感的动作，内心便会出现提示。这种提示能让自我发生变化——让自己的反应能力、思考能力、专注能力在一段时间内提升到一个“绝对工作”的状态。

我把这一段时间称为“神圣时间”。

很多同学之所以觉得自己效率低，并不是因为能力上的问题，很大一部分原因在于没有将工作状态与生活状态区分开。

没有区分，意味着这两种状态会搅成一锅粥。该享受生活的时候，没有百分之百享受生活；该工作的时候，没有百分之百地打起精神。

我们应当提倡一种理念，即严格限制自己的工作时间，创造“神圣时间”。

我们说的仪式感，最大意义也在于：它是开启“神圣时间”大门的一把钥匙。

那么，如何培养仪式感呢？以下四个步骤，将会告诉你答案。

第一步：拥有一个明确的动机

仪式感能够帮助你进入“神圣时间”，但很多人也许会觉得迷茫：我要那么多时间干吗？是的，这就是我抛给你的第一个任务：先想明白你要做什么，然后再动手。

我需要你非常明白自己的工作目标，并带着强烈的目的性投入工作，划分出工作时间，然后给每一段工作时间布置合理、可执行的任务。

比如在周末，我每一天的“神圣时间”有三块：

上午 8:00 — 11:30——完成公司老板要求我写的 PR 稿、公关稿，完成待写小说的大纲，阅读文学性较强的书籍。

下午 13:00 — 16:30——看推理小说或者电影，整理读书笔记，同时记录深度思考的成果，思考成果均会做成思维导图并且打印成册。

晚上 20:30 — 22:30——根据白天制订的小说大纲写小说。

同学们注意，我这边强调的字眼是“合理性”，要根据自己的需求与爱好，以及不同时间适合干什么来选择任务。只有这样，你才能有一个明确、清晰的动机，这是你专注工作的前提。

进入百分之百专注的工作状态，不仅仅需要仪式感，更需要你有明确的动机，那是你的原动力啊！

第二步：建立契约精神

条件允许的话，现在请拿出纸和笔。

在平时的工作中，会出现哪些让你分心的事，把它逐一写下来，比如吃零食、抠脚、看手机刷微博微信、接电话、看电视、胡思乱想……

是的，把它们写下来，然后告诉自己，以上这些事在工作状态中绝不允许出现。

如果你自觉不是一个拥有契约精神的人，你可以借助外部力量来实现目标。比如我刚培养仪式感的时候，会把让自己容易分心的举动列在写字桌上方的白板上。如果没有忍住，就惩罚自己在微信群里发红包，每次的金额不少于 50 元。

但是你要明白，仪式感真正的目的不在于做哪些动作，而在于达成的状态。你契约上所要达到的状态，才是仪式感存在的真正目的！

请牢记，除非特殊情况，万万不可打破契约。因为每一次对契约的破坏，都是对个人自信的打击。

第三步：建立隔离区，排除诱惑

文章写到这里，可能许多同学会有疑问："仪式感"真的有这么强大吗？难道我一旦有了契约精神，就可以进入专注工作的状态吗？

当然不是。仅靠一张简单的契约，是无法控制那些容易分心、效率低下的人的。

我已经听过不少人对我沮丧地说，下决心的时候感觉自己总是意志力超强，等到真正要做事的时候又变得拖泥带水。明明很瞧不起这样的自己，但又偏偏抵挡不了使自己分心的诱惑。

请相信我，这是正常现象，因为大部分人都高估了自己的意志力。在能够"短期获益"的事物面前，很少有人能抵挡住诱惑。

所以，我要在此提出一个概念：建立隔离区。

军训时的学生，他们的意志力和专注度远远超出平日里。这是为什么？因为他们受到了客观条件的限制！

军训时，你绝对不可能携带智能手机、笔记本，也根本不可能带点心、零食；你的周围没有电视机、没有空调、没有他人、没有DOTA、没有淘宝；太阳底下，面对你的是一位魔鬼教官。能支持你的，只有一瓶水。军训时的专注力能达到前所未有的高度，因为你处于隔离区。

断绝接触一切诱惑的可能，建造一个“绝对工作的领域”，这就是隔离区。隔离区让你自己意识到，进入其中只能行动，别无选择。

这是一个最为简单粗暴的方法。诱惑根本无法影响你，因为它根本不存在。

我们永远不要试图把控制权交到自己手上，因为意志力绝对不可靠，我们要做的是把控制权让渡出去。这样一来，即使我们想放纵了，也无法放纵，只得乖乖干活。

第四步：完成仪式，进入神圣时间

具有仪式感的行为因人而异，这是一件比较私人化的事。

我遇见过各种各样奇葩的仪式：有的人不在桌子上放一杯可乐，就无法静下心写作；有的人需要在工作前唱一首歌开嗓提神；有的人会做眼保健操；有的人会打开窗对着外面高喊一声“德玛西亚”……

反正自己一个人在房间里，可以随心所欲，怎么做都行，关键在于让自己充满神圣感、仪式感，为接下来工作时的凝神聚气，进行强烈的自我暗示，全方位地调节自身状态。

我始终相信，仪式感是个人对于自我的庄严礼仪，人类能够借助它进入一种忘我的状态，一种全力以赴的状态。这种小小的自我暗示看起来微不足道，但它却是一根强有力的杠杆，能够大幅度撬动人的行动力。

很有趣的是，《小王子》中也提到过仪式感这个东西，那是小王子和狐狸之间的一段对话：

"你每天最好在相同的时间来，"狐狸说，"比如说，你下午 4 点来，那么从 3 点起，我就开始感到幸福。时间越临近，我就越感到幸福。到了 4 点的时候，我就会坐立不安，就会发现幸福的代价。但是，如果你随便什么时候来，我就不知道在什么时候该准备好我的心情……应当有一定的仪式。"

"仪式是什么？"小王子问道。

"这也是经常被遗忘的事情。"狐狸说，"它就是使某一天与其他日子不同，使某一时刻与其他时刻不同。"

现代人需要仪式感，也需要神圣时间。这是一段在单位时间内效率最大化的时间，也是一段最与众不同的、足以改变个人命运的时间。

越是喧嚣的时代，人越是要学会独立工作，以此进入一个属于个人的、神圣的工作状态。没有他人的影响，没有外界的干扰，为了纯粹的目标而前行，朝着单纯的愿望而努力，这甚至是一种寻找幸福感的方式。

学会这 9 招，你也可以当众讲一个好故事

许　博

2014 年 12 月，公司正在筹办一年一度的《做自己论坛》，因为我兴趣广泛，又经常能玩出一点名堂，所以大家希望我做一次关于“玩”的演讲。而与我同台的十几位嘉宾，是《后会无期》的制片人方励，前央视主持人、现自媒体大 V 凯叔，中央广播电台著名主持人杨晨这样的大咖老师。

那时的我，还是一名没有任何演讲经验、平日话少、口才一般的安静美男子……

那一刻，我是蒙的。

当时离论坛还有不到一个月的时间，我既为新的生命体验感到兴奋，又惧怕讲得太烂反而留下心理阴影。

焦虑之下，我找到导师古典，他讲课不仅风趣幽默，还充满智慧，也曾一场 TED 视频就点击量过了千万。在他的传授下，我了解到做好一场演讲，或者说讲好一个故事的独门秘籍。不敢独享，今天将其总结成 9 条经验，分享给你们。

1. 定义你的演讲风格

演讲者自身和演讲内容，要有统一的风格，不要为演讲而去表演一个陌生人。

朴实的人就讲出他的真诚，幽默的人就讲出他的机智，炫酷的人就讲出他的精彩，博学的人就要把智慧讲透彻。

平日里你是什么风格，你都有哪些特点，演讲中就去体现那些方面。

而我经过请教公司的大神讲师李春雨老师后发现，“极客范”可能是最符合我的风格。在“极客范”的大基调上，加一些“小逗比”，整个演讲的基调就定位为轻松、幽默又有干货。

“极客”我平时就是，而幽默怎么体现？这时，古典老师又传授给我一个独门秘法：“逼格三件套”（原谅我又瞎起名了），简直是能令你整个人变得有趣有料的绝学！先卖个关子，且听下面给你详解。

2. 给演讲起个好题目

演讲题目就是你的演讲主旨，可能是你的观点、主张，也可能是一句发问或是一句陈述。尽量让演讲的题目抓住人的眼球，最好的题目是让听众产生好奇心，还未开讲，就已经在听众心中打下问号。

我的题目最终确定为“玩是最严肃的事”。

“玩”与“严肃”两个字眼形成了一个对比，看起来既不会很虚，又很有干货的样子。

3. 梳理演讲的逻辑框架

题目确定后，接下来就要梳理演讲大纲，演讲的逻辑结构十分重要，这将决定你的演讲听起来是否有条理，是否能让听众容易理解前后的关系。

这时，“逼格三件套”就闪亮登场了——哇一下、乐一下、学一下。

哇一下：真牛×！开眼界，令人惊叹，让人觉得炫酷的新奇的内容！

乐一下：真逗比！幽默是高水平演讲不可缺少的元素，很多笑点、包袱其实都是预先设计好的，目的就是营造轻松的气氛，让观众开怀大笑。

学一下：真有料！输出你的经验、知识等干货，让观众觉得听完你的演讲确实有所收获，而且能够和他们自己的生活、工作联系起来！

在你讲述每一页幻灯片、每一个段落时，演讲内容都要尽量为达到这三个目的而设计。（注意：三件套可能不适合“煽情”内容

“玩是最严肃的事”演讲复盘

哇一下	乐一下	学一下
街舞开场	广场舞	街舞感言
街球视频	街球防守	摄影塑料袋法
街舞获奖 2	刘璇签名	manshow 的解释
摄影 1	肌肉震动	德州扑克类比人生
扑克冠军是厨师	街舞获奖 1	汪峰打扑克
扑克牌手同时打 24 桌牌	摄影调侃同事 ps	激励点阻碍点
我的扑克奖金	闷骚的小互动	记忆力软件
扑克书籍	打牌类比斗地主	扑克中的微表情
赢得 iPhone	芙蓉姐姐	总结激烈点和阻碍点
天天德州邀请赛	冠军梦千年老二	总结和升华
扑克 1 万小时	墨镜跑车梗	
扑克概率计算过程	皇家同花顺类比生孩子	
扑克概率表	女生的微表情	
记忆训练视频	周星驰微表情	
15 次	15 次	10 次

的演讲）

上面那张是我演讲后，自己复盘时做的“逼格三件套”频率统计表。

4. 搜集幻灯片素材，制作幻灯片

幻灯片的作用通常是向听众呈现演讲的进度、关键词，以及那些无法用语言精确表达的内容。

说几点“演讲幻灯片”的禁忌：

- 幻灯片不要配过于花哨的图片，图片的分辨率能高清的一定要高清。
- 不要用什么艺术字或者同一页搞三种颜色以上的字。
- 过渡效果也是有逻辑的！不要轻易用那些貌似很炫，其实很老土的过渡效果，什么火焰啊、马赛克啊、开门大吉啊、星星点灯啊、激情喷射啊……
- 公开场合的演讲，幻灯片一定要字少！字少！字少！不要弄一堆字在 PPT 上，既看不清又显得你水平 Low。

5. 每一页幻灯片都写逐字稿

如果你还不是演讲大师，逐字稿是一定要写的！

逐字稿的好处就是将演讲固化下来。即兴向来都是大师的玩具。没有深厚的积淀，还是老老实实地把演讲稿背熟，这样才能抵消在讲台上的紧张感。

再强调一点：公开场合的演讲，一定要脱稿！脱稿！脱稿！

不解释，因为拿着稿念会显得比较 Low。

写逐字稿的过程，就像设计一出戏剧，讲出的每一句话，抖的每一个包袱，都要在脑海里预演现场的效果是不是足够好。

6. 演讲中的幽默、有料、互动

关于幽默

很多包袱、笑料都是提前设计好的。

比如我的演讲中，在开场跳舞后问观众：有人知道我跳的是什么舞吗？台下有各种回应，其中有个人叫道："广场舞！"

这个人其实是我安插在观众中的"托儿"，就是为了营造一个轻松、有笑点的开局。如果你没有准备就发问，很难 get 到一个恰如其分的回答，场面就会比较尴尬。

关于有料

干货型的演讲，会有很多专业领域的知识是听众没有接触过的。

但是，你千万不要幻想听众会对你的那些"街舞技巧""扑克数学""摄影构图"的知识感兴趣！观众听你演讲的主要目的是来愉悦大脑的，而不是来上专业课的！

那么，如何把“干货”讲得通俗有趣呢？——答案就是“善用比喻”。

在我的演讲中就运用了很多通俗的比喻：

职业牌手同时能打 50 桌扑克，难度是怎样的？观众是体会不到的，于是问他们同时打 50 桌斗地主是什么感觉？

皇家同花顺的概率是六十五万分之一。不够形象，找到一个四胞胎的概率大概是七十万分之一，做类比的话观众更容易理解。

关于互动

尽量在你的演讲中穿插一两次和观众的互动，好的现场互动可以调动观众的情绪。

7. 全力准备，反复演练

态度决定一切，既然决定上场面对 1000 人装个 ×，就要装得闪亮一些。

开讲前，我利用工作之余的时间做了以下两件事情。

恢复街舞练习

我设计的演讲开场就是上台先跳一段街舞。这个街舞一定要炸，但因为上班 4 年没有练过舞，退化了不止一星半点。确定演讲后，我立刻报了一个街舞班，虽然我不是没有基础的舞者，但是我需要一个专业的环境，尽可能用有限的时间恢复我的街舞水平。

找广场疯狂演练

从来没有过演讲经验，怎么办？——练。

当逐字稿写好后，我每天晚上到楼下的广场上去练习，拿着热水杯当话筒，讲三四遍，边讲边背，同时注意自己的肢体动作，尽量不来回走动，减少各种小动作，把每一次演练都当作面前有 1000 名观众。

8. 召集朋友试讲

有条件的，可以在公司或朋友圈里组织一次演讲前的试讲，让同事、朋友先听一遍，然后给你提出建议。这样，讲完后你会对场面控制、时间把握等更有感觉。再次登台，紧张感会大大降低。

让熟人打脸，总比让陌生人骂你傻 × 好，对不？

9. 演讲前要“走场”

如果有时间，演讲前一天尽量去场地走一圈，这是为了建立领地意识。先在台下的观众席坐一坐，四个角落站着看一看，想象自己正站在台上。再去舞台中央感受一下，面对台前的观众席，你试着想象自己的气场正在包围整个空间。

相信我，再次站上这个舞台，会令你更加轻松自然。

CHAPTER 05

那些“功利的世界”教会我们的事

自由职业不是一份职业，

而是一种能力状态。

与其叫自由职业者，

不如称之为“自由职业态”。

自由职业态，

意味着你能够以自身能力为产品，

构成一个完整的商业闭环。

比“自由职业者”更酷的，是“自由职业态”

古　典

“你有什么梦想？”

“当一名自由职业者啊。”

“为什么？”

“有能力，又有空闲，和客户一言不合，我就去洱海边待 3 个月回来再说啊！”

听了太多类似的对话，我决定和“自由职业者”这个名词死磕一次。

上班狗对于自由职业的普遍想象是：开一个面朝大海的小店，早起就坐在店门口喝自己煮的咖啡，看着城市慢慢苏醒过来；坐在洱海边对着朝霞敲代码，然后喝茶、聊天、晒太阳，面对晚霞继续敲代码；每天做 4 个小时的工作，收入比以前还要多 1 倍……

但是，如果你真的接近身边的自由职业者，会发现情况又完全是另一个样子：每个自由职业者都告诉你连续熬几夜做方案被拒，连续好几个月接不到活，坐在家里觉得自己特别孤独，都憋傻了，或者是特别辛苦地干活……大部分网络写手每天工作超过 12 个小时，每天平均更新 6 千字，全年只有 5 天假……

我综合一下知乎、微信上 30 多个自由职业者的论述，总结出自由职业者的好坏分别是这样的：

▶ 优势：

1. 随意安排自己的时间，睡到自然醒。

2. 不用挤地铁，在客厅里上班。

3. 不用看老板、同事的脸色办事。

4. 有时间学习自己想学的东西，发展自己感兴趣的专业方向。

5. 收入比上班时还多。

……

▶ 劣势：

1. 精力有限，事情太多，操心不过来。

2. 容易懒散，无法全力投入地去做事。

3. 没有做外包的经验累积，很多时候写的代码、做的设计都不好，客户要求不高，自己也不专注上进。

4. 并没有时间学习、做自己想做的事情。

5. 外包的工作不是想做就有的啊！

……

《2014 年 O2O 中国自由职业者现状报告》里总结的三大优点分别是：时间自由、地点自由、不用看老板脸色；三大缺点是：收入不稳、社交范围窄和心理负担大。不知道为什么，他们再没有出最新的数据了。

自由这杯酒，不好喝啊。

其实，当你越深入地研究自由职业者，越让你困惑的其实是基础概念——到底什么叫自由职业？

大部分人深入思考的尽头就是个新名词。比如你对一个人说，这把菜刀特别锋利，特别好！他会问：“为什么啊？”然后你说：“纳米的啊！”他就“哦”了。其实，纳米的又怎么样呢？哪里是纳米的呢？什么叫纳米呢？当然，包括自由职业者。

什么叫自由职业？英文其实更接近本质——self-employed，即不属于任何组织的人。按照这个定义，外包、临时工、个体户都是自由职业者——替自己打工的人。中文翻译加进了“自由”两个字，这个词语一下子就性感起来了。

那么，最吸引人的“自由”在哪儿？

是不是不用坐办公室，不用按时上下班就是自由？不是，出租车司机能自由上下班，但要拉够份儿钱才行，工作多久也不是自己说了算。反过来说，很多企业的高管、销售和BD都不需要每天打卡上下班——因为大家相信做到这个位置的人，已经有管理好自己的能力。

那么，是不是不用遵守公司的规则，可以挑客户就是自由？也不是。很多自由职业者在没有个人品牌的时候，天天被人挑挑拣拣。我就认识一个插图师，她的作品被要求改了7次，然后对方说“还是下次再说吧，哈哈哈”。反过来，公司里真正有专业能力、很牛的设计师及有实力的经理，老板也是笑眯眯地和他们商量着来，因为他知道，这些都是爷——自己不伺候，他们总能找到愿意伺候自己的人。

那么，是不是只要业务能力超强，就可以当自由职业者呢？也不是。我认识一个哥们儿老A，他有一项超强的能力，是梳理结构与框架——不管什么问题，半天就能给你搞出来一个框架，然后找一群程序员就能干出来。就凭这个本事，兼职能一天1万，一个月干两天下来，挣得已和他的月工资差不多。那要不要出去单干？老A不愿意。因为他自己很清楚，这些单并不是天天有的。

怎么才算自由呢？

除非有一天，老 A 开始在他的潜在客户圈子里发声、写作、培训，越来越多的人知道了他的能力，他给自己梳理结构与框架的能力设计出一套业务价格，他就距离自由职业越来越近了。

但是，他是不是一定要离开企业？也不一定。他可以选择在这家或那家企业，也可以选择离开企业自己单干。这个时候，他就彻底自由了。

自由职业的核心是职业，而不是自由。

如果自由职业本身作为一种职业，那么这种职业最大的特征是：你一个人走通了专业能力出售的全部产品链——专业能力封装、定价、宣传、销售、升级、财务保障……自由职业是一个人的创业。

说到底，让你不自由的，不是打卡，不是老板，不是你不够专业，而是你缺少能力。否则，即使你辞职去了珠峰顶、洱海边，也不自由。

自由职业的自由，不是辞职的自由，而是选择的自由。这个选择背后，是能力的自由。有了这些能力的人，成为某种超级个体，在公司里、公司外都挺自由的。

自由职业不是一份职业，而是一种能力状态。与其叫自由职业者，不如称之为“自由职业态”。自由职业态，意味着你能够以自身能力为产品，构成一个完整的商业闭环。

自由职业态包括哪些能力？

自由职业态＝能力产品化＋自我管理＋品牌营销＋自我更新＋理财

你要能自我管理：当你学会距离自己的床两米也不能偷懒睡上去，继续保持高效工作，就取代了你的上级管理和KPI考核。

你要能自我营销：当你学会自己卖自己，和客户谈业务聊人生，也就取代了市场部、销售部以及商务部。

你要能自我更新：当你给自己设定学习计划，持续了解同行动态，也就取代了人力资源部。

你要有财务能力：当你学好管理自己的钱，抵御随时有可能出现的空档期，也就部分取代了各种劳动保障、各种假期和保险的功能。

当你一项项修炼这些能力，等于你开始以自己的专业为核心，在自己身上建立一个个新的部门，创办一家一个人的企业——在一步步脱离保护的同时，也在一步步地丢掉拐杖，获得自由。

自由职业就是这样一种勇敢而艰难的选择，它是在组织和个人之间，选择把赌注压在自己的专业上，向前多走一步。这是一种专业人士的进化形态，就好像一个人放弃了保护自己的树林，决定双足行走，从此选择了某条进化的道路。

原来这么难啊！那自由职业是一个能做一辈子的职业吗？

我随机调查了 12 个自由职业者，有 6 位说，“先尝试一段，不行再回去（上班）吧”；3 位认为，“只是一个阶段，未来要创业”；还有 3 位坚定地说，“再也不想回去了，我要干到死”。哦，其中一位说干到死的人，后来实在干不下去，加入其他团队了。

自由职业者分三拨人：尝鲜者、创业者和永远的自由职业者。

有一部分出来修炼一段觉得能力不足，一个人又太孤单，或者新鲜感消失了，他们会重新找个地方回去上班；一部分做得好的，在竞争之下，会进一步进化成创业者。

像淘宝一样，大家一开始兼职开店，开得好的就全职，成为自由职业者。随着越来越多的人拥入这个领域，竞争越来越大，你肯定需要找几个助理或外包帮你干，干着干着你成了创业者。咪蒙当年是辞职下海的自由职业者，现在做好了，也组建了自己的 7 人团队，各自负责选题、策划……这些新的小公司会在保持个性和提高效率之间找到平衡，形成新一轮的格局。

我从不认为未来是一个“平台 + 个体”的世界，那只是过渡，终局应该是一个“大平台 + 小团队”的世界。

最后一群人会永远做自由职业者：一种是业务单元小到无法外包的领域，比如表演、设计、艺术、文学这些领域，他们属于天生的自由职业者；另一种是达到了自由职业态，珍视自己的空闲时间多于职业成就感的人，他们能这么做，而且愿意这么做，是超越了职业的最高境界。

世界上有一种鸟是关不住的，它的每一片羽毛都散发着自由的光辉！

我特别反对大学生创业（万分之三存活率啊，亲），但是支持大学生创业教育——带着创业的心态工作。也许最后只有 10% 的人会创业，2% 的人能成功，但是 100% 的人都会让自己变得更好。冲着自由职业态去工作，肯定会让你眼界更宽，选择更多，成长更快。

如果你想在 30 岁前成为自由职业者，下面这 6 步也许对你有帮助：

1. 确保自己先看清楚真相，反复问问自己是不是愿意进入这个

领域

前面说过，自由职业是一条决心以自己的专业能力为赌注的勇敢、艰辛之路，所以你首先要思考的是，这个领域是不是你真的希望专注而有机会胜出的。

另外，自由职业的形态真的是你喜欢的吗？别光看朋友圈，找几个身边的真实自由职业者聊聊，让自己做出不悔的选择。

2. 找到一个能够封装成产品的能力，做到极致

自由职业要求个人必须能够独立产出独立封装的产品或者服务。所以，艺术界、手艺人、服务者天生是自由职业者。而产业工人则很难做自由职业，因为如今的工业领域里，依靠一个人的力量真的什么也做不出来。

同样是文字工作者，写小说的可以自由职业，而编辑就不行。除非一直包到出版。设计能力可以封装，但是美工就比较难，任何工作牵涉到量产一环，谁都没法由着性子来。

我有个朋友特别擅长梳理传统企业转型互联网案例，于是总有大佬、首富找他喝茶，向他请教。为了表示感谢，请他吃 20 万的饭，就是不给他钱。他自己特郁闷，每夹一口就想，这一口 5000 元啊，这钱给我多好啊！

他的问题在于，他能力很强，却一直没能封装。有人把这个

能力封装成“课程”，卖的是讲师费；有人封装成“方案”，卖的是“策划书”；有人封装成“顾问”，卖的是“顾问年费”。你这种人大仙一样一呼就来，然后安静地听完，给个答案也不盯着做，不知道有没有效果，别人只好请你吃一顿20万的饭。

那么，如何判断这门技能能不能产品化、市场化？很简单，你可以做点儿市场验证——如果你已经能通过这门技能赚到养活你的钱了，那么再开始SOHO吧。这就是所谓的“市场验证”。你宅在家里开辟不出新路子。

3. 提高自己的自我管理能力

在自己家里、咖啡厅，在持续3个月没人催、没人管的情况下，不拖延的高效率工作，绝对是更加需要自律的事。说这个的太多，跳过。

4. 学会自我营销，找到获客方式

越是专业人士，越抹不开面子。其实越是专业人士，越需要懂得卖自己的能力——我在《为什么说“专业人士”未来会穷死》这篇文章中讲得很清楚，提到了毕加索和凡·高的区别，可以看看去。

5. 积累人际网络

好的人际网络不仅能帮你获得客户，而且可以做各种事情。因为你不仅需要客户，可能还需要把一些工作外包，需要和伙伴一起接很大的单，需要顾问在关键时刻获得资讯，这都需要通过你的人际网络实现——不爱交往的人，不会是好的自由职业者。

同时，记得和你原来的公司搞好关系，因为有近四分之一的自由职业者的第一份工作是和原来的老板合作的。

6. 培养自己的财务能力和商务合作能力

由于自由职业的经济收入不稳定，所以财务方面你得有一定的规划，不能指望通过花完每个月的工资来理财。有一定的商务合作能力和意识，会让你面对纠纷的时候有保护自己的能力——我就见过因为完全不会签合同而给自己挖大坑，然后跳到里面的自由女战士。

最后，无数的惨痛教训告诉我们，在中国购买社保是个挺重要而且挺值当的自我保护手段。孩子读书、买房买车、出国会少很多麻烦，除非你钱多到无所谓。记得有机会给自己挂靠一个公司交社保。

为什么我不建议你搞什么自由职业？因为大部分人都没有达到这个水平，而最好的修炼场，不是辞职，而是你现在所处的职场。

说实话，虽然我几乎达到了自由职业态，但我很清楚自己没法成为自由职业者。因为我受不了一个人的孤独，喜欢和一群人在一起大呼小叫的，这也注定了我选择创业。

但是，我对于自由职业者非常敬畏。自由职业是一种勇敢的超越自我的追求——放弃了依附于一个组织的资源和约束，也放弃了相濡以沫，准备全力以赴，以自己的手艺与天赋为生，相忘于江湖。这种尝试如果是经过深思熟虑的，无论是成功还是不成功，都值得尊敬。

我喜欢这个冷酷直白的商业社会

姚小恬

能用钱解决的问题，千万别欠人情。

听过这样一个故事：

一个小城镇家庭的女孩去邻近的城市读大学，一个堂姐提出，另一个叔叔家有大车，她行李多，不如借了车让堂姐夫开车送他们去吧（堂姐和叔叔都生活在那个城市，堂姐在假期回了老家，假期结束，刚好也要回到自己生活的城市）。

小城镇还保留着旧式的人情往来，你帮我一把，我回馈些其他的，常常被视为再正常不过的了，人们笃信亲戚要常走动才更亲近。

于是，一个7座的商务车，由堂姐夫开着，载着女孩和她的家人、堂姐和她的家人出发了。堂姐的叔叔热情，在那个城市的酒店设好宴席，庆祝女孩上大学。

傍晚进入城市，下起暴雨，天气恶劣，天色已晚，叔叔已等候多时，而这车行进缓慢。

越焦急越出事，高架桥上四车追尾，这辆车是最后一辆，负全责。处理完所有的事情到酒店，设宴的，同时也是车主的叔叔，脸色非常难看。

谁心里都不好受——无论是女孩、女孩的家人，还是堂姐和叔叔。

叔叔说不要赔了，走保险，但显然他是有损失的，且不说追尾的其他三辆车是什么车，保险是否能 cover 住，来年的保费必涨无疑。

对堂姐来说，是她出面向叔叔借的车，出了事，自然也尴尬。

对女孩和家人来说，且不论责任在谁，前车是否有推诿，事已至此，无可改变。因为自己给别人带来了实在不小的麻烦，而且并不是很近的亲戚间出这种事，再如何弥补，都难免会更加生疏。

而如果她最初选择的是租车，职业司机会负责将她安全送到，她只需要付钱，即使有任何事故，租车公司会有一套完善的体系和流程去处理，她不必因此承受心理上的负担和折磨。

这些年的城市生活教给了我一个生存法则：**每个人都很忙很累，不给别人添乱是一种美德。能用钱解决的事情，千万不要欠人情。因为钱付得起，而人情有可能还不起。**

人情之不靠谱还有另一个事例：

某一次做深度保洁，与保洁师傅闲聊。他们说要坐 2 个小时的地铁，穿过整个北京城到我家做 4 个小时保洁，再坐 2 个小时的地铁回家，得到的 400 元钱要分给公司一半。我们不禁感慨，这挣的真是辛苦钱啊！

保洁师傅临走时给了我们一张名片，说：“这是我老乡，他自己干，你们下次直接给他打电话，能便宜点，估计 300 就行，因为他不用上交公司。”

于是，第二次我们就打了那个名片上的电话。对方表示，要 400，一分都不能少。我们也同意了。

到了约定的时间，我们整整等了一个半小时他们才到，进门就要涨价，说新房开荒 400 元，你这旧房子得 600，而且不包括擦家具，擦家具得另加钱……

于是，我们请他走了。

贵不贵是一码事，“没有契约精神”这点让我们很愤怒。不按约定的时间、不按约定的价格、不提供约定的服务……我不能保证，让他做下去还会生出什么事来。

因此，我更加信任标准化的商业服务，在网上下单，担保交易，有互相评价机制，有企业设计好的流程和约束机制来规避人性的弱点，一切清楚明白，认可服务内容和价格，下单就好。

商业带来效率

怀孕时一时兴起，见论坛里别的妈妈织的阿狸毛衣，母爱大发，跟风也买了棒针和毛线，要给肚子里的宝贝亲手织一件，作为迎接他来到这个世界的礼物。孕期工作并不忙，我以为我有大把的时间来做这事。

但结果证明我错了。

织毛衣在很大程度上需要耐心细致的重复，需要数针数，需要周而复始。作为一个长期从事创意类工作的人，又有些大条，我常常数着数着，一打岔就忘记针数了。之后再数，再忘。如是三番，我便失去了继续下去的耐心和兴趣。

如今，我的孩子已经两岁了，而那团毛线仍躺在我的衣柜里。

这件事给我的启发之一就是——精力有限，不在不擅长也不喜欢的事情上浪费时间。

我敬重手艺人，喜欢手工作品，并钦佩匠人精神，我也很想亲手给宝贝织一件毛衣，但我并不擅长这个，不宜勉强。

这个高度商业化的社会，给我们提供了满足日常生活需求的一切商品。

我精心选择材质、手感、式样、做工、搭配……最后拿到的衣服，其中的爱与心意并不比手织的毛衣少，而效率要远远高于我笨拙地手织毛衣。

节约下的精力和时间，我可以在其他擅长的地方给予我的孩子。

比如，为他成长的不同阶段挑选适合的读物，给他讲故事，培养他阅读的兴趣和习惯，教他精准地用语言表达……

商业带来温情

十几年前我考研的时候，一本《西方文艺理论》的教材，我整整啃了三遍才完全弄明白。因为我的本科院校不开这门课，我身边甚至找不到一个老师可以请教，而十几年前的互联网远远没有今天发达。

而现在，如果我用了所有的工具仍然不能解决我的问题，如果我需要请教别人，我宁愿选择一对一付费的经验咨询。

你不会感觉到茫然无助，鼠标点几下就能筛选到想找的人。你甚至可以结合自我介绍和评价去选择更适合你的专家。

也不必担心他是否愿意提供帮助，只要他接你的单，你便明确知道他愿意花他的时间接受你的付费咨询……

据我所知，很多专家做这件事并非出于经济目的，而是觉得“好玩”，并且因为能帮到别人，为他们带来了“成就感”。他们往往一转手就把收到的咨询费捐给了贫困儿童。但在有这个商业服务之前，你并不知道哪些专家是愿意花时间做这样的事情的。

而互联网消除了距离和信息不对称，可以让你快速找到合适的专家，付费消除了你对于“打扰别人”的不安。

花一顿饭、一件衣服的钱，便能买到别人多年甚至几十年的积累和思考，并且有可能从此成为人脉甚至朋友……真是再没有比这个更划算的事情了！

因为商业，我反而最大限度地减少了对别人的依赖和求助，我不必出于什么目的而去接近别人，因而能心无挂碍地选择朋友，吃饭、喝茶、聊天……做种种放松的、纯粹的、无功利的事，感受更多的思想碰撞和情感抚慰。

是消费，更是投资自己

因为社会高度分工和高度专业化，你可以买到几乎所有的服务。

比如上门洗衣，比如半成品的生鲜配送，比如约车，比如付费咨询……

我有一个创业的朋友，她是做母婴阅读产品甄选平台的。她说要把其他国家儿童阅读的标准和读物引进到中国来，组合成系统的产品，打包提供给适龄的孩子订阅。

她跟我说：“我赚的是‘懒’人的钱。所有的东西都是公开的，我只是把它们整理好了，放到你的面前来。”

我同意她的思路，但不认为这是“懒”。

如果她的产品上市了，我是愿意订的。我愿意让我的孩子读到这个世界上适合他每个年龄段的最优秀的读物，我也希望他视野开阔，从小能被最美好的文化产品滋养。

但我显然没有时间去筛选，也不可能为了这件事在短期内掌握多种语言……而有最专业的学者、最优秀的翻译把这些事情都做好了。因为这个高度成熟的商业社会，有专业的人来做专业的事，我付出可接受的价格就能买到许多人多年的积累和智慧，不是很划算的事情吗？

而我省下的时间，可以用来精进我的业务水平、提高我的综合能力，有余裕的精力来自省……从而有机会在事业上获得更大的发展，这才是良性的循环。事事亲力亲为，并不划算。

对于都市里被工作和生活碾轧的年轻人来说，凡是能用钱解决的问题，用钱去解决都好过自己的摸索，**把摸索的时间和精力用在你最想获得发展的地方，是性价比最高的选择**。这是大多数条件下都成立的法则。

不要抱怨这个社会处处都讲钱，任何商业服务背后，都有一大批人在进行高度专业的分工，企业为此付出了大量的成本。付费才是良性的运转之道，亏本维持的事情一定不会长久。想得到长期的、有品质的服务，一定要有付费的观念。

这不仅是消费，更是投资自己。因为商业，我们可以腾出精力去学习、自省、放松、积蓄力量；因为商业，我们最大限度地减少了对别人的依赖和求助，能更独立自由地进行人际交往。

我喜欢这个冷酷、直白的商业社会。

升职加薪没有用了！
看懂这 3 个底层逻辑让你更值钱

古　典

有人在微信后台问过我一个问题：

文章能不能来点儿实际的，别总跟我谈规划。我就是一小编，就和我说说怎么升职加薪，让自己更值钱。

其实这个想法，本身就挺傻的。

先说一个事例——你前段时间一定听说过天价学区过道——北京有这么一个过道，炒到了 150 万，因为中介号称该过道有学区资格。

其实这不是个新现象，以前买房子，别人都告诉你——这是“朝阳区”“三环以里”“中心城区”的“传世珍宝”。但今天你看一个楼盘广告，都是 ×× 商圈，地铁直达，学区房。

什么意思？

是房地产价值坐标改变了——“商圈”代替了人为划定的“行政区”，三环附近因为地铁的出现，时间距离替代了空间距离。而新价值的产生，如“学区”比“小区环境”对某些人更重要，使得价值的坐标发生了变化。一旦发生这样的变化，整个楼盘的定价都会重新调整。而所谓的天价学区过道，就是这种变化的极端产物。

每次价值坐标的变化，都伴随着整个行业的巨变。

今天的职场，也面临着价值坐标的变化。

若在 5 年前，那时候人们是这样界定自己的——行业 + 企业 + 职位。比如说，“我在通信行业，华为公司做经理”，或者“我在教育行业，新东方做老师”，基本上你的身价就差不多了。

所以那个时候，职场增值的玩法特别简单——你先选好一个行业，然后努力进入这个行业最好的企业，然后铆足劲儿从低职位开始往上爬。

做了几年，你翅膀硬了，如果组织内能升，你就继续升；如果不能，你就跳到小平台提高职位，提升能力和视野。

多年以后，你成为某一个行业的资深人士——你也可以仅凭你的资源，和年轻人 PK，这是传统套路。

但这个套路在今天失效了——今天行业变化得实在太快了，随之企业也如雨后春笋——互联网的概念热度还未消，VR、人工智能、物联网……基本上你每天都能听到新概念、新行业、新企业以及新职位。

中国中小企业的平均寿命是 2.97 年，中关村企业的平均寿命是 11 个月。你想，你可能花了 10 年爬到一个行业或者公司的中高层，结果整个行业没了。

在这种环境中，用行、职、企定位也逐渐失效——老行业不吃香，新行业又都处于跑马期，谁也不知道谁好。除了传统行业 + 名企还有一定的说服力，新型行业里那些你没听过的企业，都有一个奇好看、巨国际的公众号——这些公众号和 APP 后面，蕴藏着估值几十个亿的企业，而有些企业就是一个人闲着没事自己做的。

以前别人还会追问：公司有多大？多少人？但你逐渐被只有 10 多个人、估值百亿的公司刷了几次认知以后，发现规模已和牛 × 程度无关了。

职位更加不可信——所有公司都有一套 CXO 的班子。当我们把进入大堂的都叫经理、把销售都叫顾问、把厨子都叫营养师时，意味着职位系统已经完全乱了。

为了规避风险，理财规划会建议大家做投资组合。同样的道理，随着行业体系在跨界 + 互联网化中慢慢消解，优秀的人才开始思考“工作组合”：

多种技能在多个平台的多个圈子。

在这种新的价值坐标中，升职早已不等同于升值。

我认识一个小朋友，在无人机市场做新媒体运营，还在旅游摄影圈里组织高手拍摄，发动过社群。现在她准备换工作，她告诉我说：

“我以前是负责市场和新媒体的，我们公司是 ×× 细分领域内的前三。”

以这个角度看下去，她的前途无非是要混到第一的公司去，或者干死自己的头儿。路会越走越窄——其实换个坐标，她完全有更多可能——她可以对别人说：

“我在国内顶级的旅游摄影圈子里”，或者“我有搞旅游社群的经验”，或者“我搞无人机推广”。

这些定位每个扩展开来，都有无限可能。

而今天你们公司做产品经理的小兄弟，根本不太介意他是不是有机会成为你们公司的产品总监，他更在意做出一个小圈子内震惊四座的产品，然后机会就来了。

“行业 + 企业 + 职位”的老路，会像“海淀区 +×× 街 +×× 小区”的定价方式一样消亡。今天的职场人，人们在用这个公式重新定义自己：

▶ 圈子 × 能力 × 特色

圈子

为什么把圈子放在第一个？因为它对于你的估值其实影响最大。

回想一下，你有多久没有因为广告而买一个东西了？我大部分的购物都是源于朋友的推荐。因为产品过剩，信息爆炸，我信任我信任的人就好。消费有各种圈子，还有旅游玩家的圈子、高尔夫球的圈子、身心灵的圈子、潜水的圈子……消费正在圈子化。

职场也是一样。

在中、高端招聘市场，近 40% 的职场人的招聘都是通过熟人转介而成，这个数字还在增加。今天的职场，越往上越是个江湖。

朋友公司要招产品经理，通过猎头找到一位腾讯的产品经理，但老板不够满意——腾讯的产品很厉害，但是腾讯产品也太多了，具体是什么产品？做过些什么？做得怎么样？他不是互联网人士，短期内聊也聊不出来。

最后他的招聘过程是这样的——发朋友圈求助，被朋友拉进一个产品经理的群，认识了群主，通过群主推荐找到了合适的人。朋友——圈子意见领袖——朋友，这就是圈子的连接方式。

一个姐们儿 R 是澳大利亚华人圈里很成功的理财规划师，操盘过 10 亿，她有一个“读会计专业→教别人家孩子弹钢琴→打入澳大利亚的富人圈”的故事。她的理财水平不算一流，但是见过后就知道，她是个张罗圈子的高手，大家都信任她。

其实越是新出现的、快速变化、缺乏明确标准的职业，圈子越重要。因为难以评估，所以主要靠人品。艺术、投资、金融、咨询、电影、同传、创业……你走近看，都是一个个的圈子。

你以前总以为，年薪 100 万的圈子最 Low 的人，都比年薪 10 万圈子里的人能力高。但当你真正进入时，你才会发现，其实每个圈子里牛人的水平相当，烂人也是。真正区分他们的，不是能力，而是圈子的不同。

这叫不叫公平竞争？其实也挺公平的，因为混圈子也是一种能力。

圈子不仅仅是同行同业，我的很多 HR 朋友常常会想从新精英学员里招人，就是因为他们信任这个圈子。同行、同业、同事、同学、同居……这都是圈子。

能力

当同一个圈子有很多人，靠什么？靠能力。

这个不用多说了，你需要在圈子里面持续展现能力，输出内容，逐渐地让大家认识你、理解你。圈子是能力的放大镜——如果强，你会比以前更强；如果弱，你也会迅速不被看好。

所以请注意，你不需要是行业内能力最强的那个，你只需要在圈子里是能力最强的就行。

如果能力不是业内第一，你可以不断缩小或者换圈子，并成为其中某个细分的第一。比如说，“教育圈里最懂在线教学运营的人”，就比“运营高手”是个更有说服力的定位。

特色

当圈子和能力一定，你需要找到和放大自己“让人讨喜的特色”——嘴贫的再贱点儿，轻松的逗比点儿，严肃的极客点儿，屌丝的再鸡血点儿。在这个情感消费升级的年代，最大的风险是大家把你当个毫无特色的好工具。

当面目模糊的专业人士太多时，人们只记得住有特色的人，并与其中自己认同的人互动。

所以，醒！醒！吧！

别再整天想搞死你的老板，关注圈子、能力和特色，这才能让你更值钱。

好，回到后台那个问题——

假如我就是一个微信小编，有什么招数可以提高自己的身价？

第一是进入优质圈子——建议你从网络或线下靠近那些业内身价比你高、比你优秀的人，而不是你公司接触最多的人。从身价来说，同事圈并不是最好的圈子。

多去参加业内的课程、各种牛人发起的联盟，没事跟着高手混个活动，从同学圈进入同行圈，或进入自己产品所在领域的圈子，再大点儿，做好自己的公众号，形成粉丝圈。

第二是基于优势提高能力——在圈子里你对比周围，很快会发现自己的优劣势，比如说标题起得好，或者对外合作做得好，或者特别会搞定作者……然后抓住一点，做到极致。

第三是持续输出自己讨喜的一面，以文字、行为、作品或者其他任何方式。

以前，职场是一座山，人人的眼光都聚焦在山的顶端，想着怎么上去分一杯羹。

现在，地壳运动，山平了。

看完后整个人都不好了，都不想上班了？认真思考下面这些让你升值的问题吧：

你接触最多的 6 个人的身价是多少？

你的能力在业内大概是什么水平？哪一项比较优秀？

你有什么“让人喜欢的特色”？你该如何将特色表达给大众？

如果不是为了钱，我为什么要选择做斜杠青年

彭小六

昨天下午还在沪宁线的三线小城上班，今天早上醒来，已经在长沙的家里。

妈妈已经煮好了我想念的肉丝米粉。吃完米粉，我带着小外甥在楼下玩，回到楼上，我开始为明天的线下课程做准备。

古典老师说，未来，我们的竞争力不再由行业、企业和职位来决定。取而代之的将是能力、人脉和圈子。

其实斜杠青年也好，自由职业也好，都是在为自己的“能力、人脉和圈子”奋斗。

我在大学的时候学的是计算机专业。当时我发誓说：“我这辈子最不想干的事情有两件：一是程序员，二是老师。”

后来我做了7年程序员，然后带着一群程序员做项目。再后来，我还做了培训师，天天被人喊小六老师。

经常打自己的脸，说明自己在进步，在不断跟自己对抗，更新自己。

DISC性格评测里面，我的内在性格是一个内敛近似“板砖”的人，但是这10年的工作经历，让我的C特性（逻辑性、谨慎、考虑细致、行动慢）特别高。

工作是可以改变一个人的特质的。

我记得当时去第一家软件公司面试，是做网管的。他们说，网管不缺人了，软件研发，你要不要试试?

我是一个文艺青年啊，怎能去做程序员？！但那时候我已经在无锡3个月没有找到工作了。我寄宿在舅舅家，每天除了找工作，就是去新华书店看书。

——干!

我们需要先培训你，所以工资每月1700元。

——干!

一个人如果连养活自己的能力都没有，就不要扯什么梦想和愿望。

我学习PPT，是因为我做培训的时候觉得自己的课件太烂，但又要尝试着去优化集团的标准版课件。

学会可以让我的课件内容更容易被学生喜欢，评分更高，能拿到更多的奖金，为什么不学？

学拆书，是因为岗位从基层升到领导层，发现自己只会埋头做事，不会带人。既然学会可以让我加薪，可以提高团队的战斗力，为什么不学？

学习阅读、写作、知识管理和个人品牌这些技能，也都是因为自己急需要用，就先花费时间和钱搞定。

后来发现这些方法和技能也可以帮助到别人，就开始去分享。

在帮苏州分舵练习拆书的那一年，每次活动都会有不同的人参与，但是慢慢地，有几个小伙伴经常来，于是我们就有了一个小圈子。

后来，我从沪宁线的 2 小时生活圈慢慢过渡到了 5 小时的飞行圈。

上海、深圳、广州、北京、威海、长沙和长春这些城市都有了伙伴，大家一起做活动，互相支援，互相打气。

我们有自己的课程开发小组，@ 六子 6P 组织一群做微课分享的小伙伴一起讨论课程设计。

我们甚至成立了“直男癌晚期关怀会所”，最会穿衣打扮的PPT 设计师 @ 一城，帮我们改变“直男癌”装扮。

一个人走得快，一群人走得远。

这些圈子都是因为某一个共同爱好建立起来的，它比你一个人单打独斗要有意思很多，也能让你的成长快很多。

斜杠青年是一种心态，而不是一种状态。

提升自己喜欢的，别人又需要的能力。只有在你迫切需要和想要提高的时候，才有可能去做这样的决定。

去扩展自己的人脉，认识更多的大神，得到他们的赏识，一是看你的能力，二是看你的运气。

去建立和自己同频率的圈子，你可以在课程设计群讲你的 C 特性（逻辑性、结构性），体现到报表上来，和他们讨论课程设计方案。

你也可以在“直男癌”晚期群里面成为一个讨论男人时尚和品位的巫妖王。

做斜杠青年不是让你放弃工作，而是在你工作已经充满自信、时间很盈余的情况下，开始做一些新的尝试。

我和 BetterMe 在长沙合作了一期线下阅读课，结束后，我会坐深夜的航班飞回沪宁线。这样的日子很累，但的确是我喜欢的。

而钱，是你将事情做好，让别人得到收获之后的赏赐，仅此而已。

图书在版编目（CIP）数据

成为你想看到的改变 / 古典主编 .—北京：北京联合出版公司，2017.3
ISBN 978-7-5502-9894-1

Ⅰ．①成… Ⅱ．①古… Ⅲ．①成功心理—通俗读物 Ⅳ．①B848.4-49

中国版本图书馆 CIP 数据核字（2017）第 035349 号

成为你想看到的改变
主　　编：古　典
责任编辑：管　文

北京联合出版公司出版
（北京市西城区德外大街 83 号楼 9 层　100088）
河北鹏润印刷有限公司印刷　新华书店经销
字数：117 千字　880mm×1230mm　1/32　印张：6.75
2017 年 6 月第 1 版　2017 年 6 月第 1 次印刷
ISBN 978-7-5502-9894-1
定价：42.00 元

目录

跟过去的 1/3 生命做个告别

2230 号橙子会员　佟海宝
微信公众号：卷毛佟

鲁豫采访高晓松，问他如何理解四十不惑。

他说：我没到 40 岁的时候老觉得四十不惑的意思就是说，你就都明白了，什么都懂了，然后等我到了 40 岁，才发现不惑的意思其实是说，你不明白的事你都不想明白了。年轻的时候每件事你都想明白，每个人你都想仔细把他看透。每件事情你都想明白它到底是怎么回事儿，甚至这个社会，这个时代，你都特别想去明白，但是你其实明白不了，连你自己最爱的人坐对面你可能都不能全明白。可是年轻的时候就太想明白，因为老觉得有一些事情不明白就会生活得很慌张。后来等老了才发现，那慌张就是青春。你不慌张了青春就没了。

我特别喜欢高晓松对四十不惑的这种解释。因为我觉得，他对待事物有自己的见解，并没有人云亦云。

不过别误会，我还年轻，还没有到 40 岁。但我刚刚经历了人生的一个重要阶段——三十而立。那么对我来说，三十而立，到底该立什么呢？我觉得是在这个人生阶段，你不仅仅拥有历练后的成熟，同时还要保持年轻的勇气，能够为自己的决定负责。

2016 年，我刚好 30 岁，对我来说应该是人生中重要的一年，因为在这一年，我做了很多影响我未来道路的决定。

职业

2016 年 7 月 1 日，我正式离开了工作了 6 年 2 个月的老东家新精英生涯。给部门开完最后一次例会，提交最后一次报销，发完最后一封邮件，退出办公室和部门微信群，很难过，也很不舍。但人在不同的阶段，会有不同的追求和目标，我相信我在新精英的这 6 年多是圆满的，也是难忘的。公司给我办了毕业宴会，我非常感动，还从大学借来了学士服，给我颁发了优秀毕业生证书，几十人一人一杯，直到把我送到桌子底下。第二天醒来之后，难受，除了醉酒，更多的是离别的伤痛。感谢新精英这些伙伴一直以来的支持，无以为报。人不在，心还在。就像古话说的，“聚是一团火，散是满天星”，我会带着新精英的精神在另一条路上坚定地走下去。

我曾经问过自己一个问题，如果时间倒回到 6 年前，我还会不会选择加入新精英。那个时候的新精英只有 5 个人，在一个凌乱的商住两用楼里面，没有清晰明确的部门，没有岗位区分，也没有很高的工资。但是我相信我的答案一定是肯定的。选择新精英是我做出的最重要的决定，而且也是最正确的决定，因为新精英给了我成就，给了我成功，更重要的是给了我全新的价值观。我把青春最好的 6 年时光给了新精英，我觉得值得，因为新精英让我的青春更加多姿多彩。

我在新精英 6 年多的时间，最大的收获就是让我更清晰地知道了自己更适合做什么，更想做什么，这也是新精英一直在帮助学员成长的方向，而我们的员工每天在这样的环境里耳濡目染，更应该深有体会。虽然加入新精英不是我人生最重要的选择，但是离开新精英却是我人生中最重要的选择，也是我最难下决心的十字路口。在这里我完成了从幼稚到成熟的蜕变，是新精英给了我成长的空间、勇气和智慧。在这里，我认识了我在北京最值得拥有的朋友、同事，我还收获了爱情，这些都是新精英给我的福报，我很难想象离开之后，我的生活会变成什么样。但是我充满希望，积极拥抱变化，我相信在新精英和大家的瞩目下，我会寻找到属于我的那片天空。人在每个不同阶段，都会有自己不同的需求和目标，我想我在新精英完成了这段人生的使命。

家庭

我是一个爱玩的人，喜欢东奔西跑，喜欢上山下海。有人说，我这样的生活状态不适合结婚，结婚了，自由的翅膀就被掐断了，生活将陷入柴米油盐酱醋茶之中。我否定他的观点，出去玩，尝试不同的生活状态。这是一种体验，但是婚姻何尝不是另一种体验呢？一个人的时候，你有能力把自己的日子过得很好，但是你是否有能力经营好两个人的生活呢？

如果生活是一个不断升级的游戏，自己玩得嗨是第一层级，组队打怪才是更高的层次。有一句话叫“一个人走得快，一群人走得远”。组成一个家庭，慢慢就成为一个团队，这样带团队刷副本、打怪升级的生活，不是更有趣吗？

2014年，我遇到了于小姐，一个为了追求理想从新疆跑到北京的姑娘。第一次正式见她的时候，她肤色很健康，眉毛很浓，鼻梁高挑，嘴巴很小，我以为她是维吾尔族人，后来才知道，她虽然在新疆出生，但是祖籍是安徽，在南方长大，还算是一个江南女子呢。

2015年，我们去鼓浪屿旅游，在下着绵绵细雨的一天，我们闲逛到一个奶茶店。我们以避雨为理由进去休息，随后，被我提前买通的店长和店员就开始执行我事先准备好的求婚环节。场面不大，也不奢华，但是我却异常激动与紧张，双手颤抖地为她戴上戒指的那一刻，我非常满足，我觉得，下一段人生旅途已经开始上路。我要带着她去看更大的世界，因为一个人的旅途是孤单的。

2016年10月2日，我在东北老家迎娶了这个南方姑娘。我们出生的地方，相距4700多公里，我们求婚到结婚的地方相距3400多公里，我们却能在北京中关村的一栋小楼里相遇。我相信缘分，我们走了那么远，在这里相遇、相识、相知、相爱。我希望她未来的路上，能有我的陪伴和呵护。

执子之手，与子偕老。

兴趣

我的公众号定位是“生活玩家”，足以证明我爱玩。我不觉得岁数大了，有家庭了，就要放弃自己的兴趣爱好。恰恰相反，我觉得应该把兴趣升级。年轻的时候，什么都不懂，什么都不会，对世界和自己的认知也有限，所以什么都会去尝试。但是随着阅历的增加，应该更清楚地知道自己喜欢什么、想要什么，把资源和时间投入到哪里。

有一天我仔细地回想了一下2016年我在兴趣方面的投入。我2016年去了巴厘岛，去了香港，去了日本，还去了斐济。我尝试了潜水、跳伞，冬天开始学单板滑雪，2017年我还要去学习攀岩。我知道在哪些方面我有更大的兴趣去投入，知道了在哪些方面，我愿意把兴趣升级为乐趣，相信未来会更加清楚如何把乐趣升级为志趣。

以前对于兴趣的投入都是肤浅的，很多东西都是浅尝辄止，并不能把一件事情做得精专。生活压力很大，面临的挑战很多。但是如果生活只有工作和柴米油盐，那我们为什么要留在北京呢？去任何一个小地方都可以生存得很好。但是我不甘心一辈子平平淡淡。我希望在大城市认识不同的人，体验不同的生活，因为在那里能看到那么多活得有趣的人。

我不想生活中充满抱怨和羡慕，我更希望能够主动地掌控自己的生活。生活的压力都是自己给自己施加的。没有兴趣的填充和调节，生活将枯燥无味。所以我对世界的好奇心，不会比以前减淡，应该会比以前更浓。让兴趣成为生活的必需品，而不是调味料。因为日子要的是过程，而不是结果。

成长

之前说过，我想写一本书，但是拖拖拉拉1年多，并没有成型。反思后，我觉得是由于我并没有把写作养成一种习惯，于是才下定决心，开始写作。我投入了很多的时间，也花了很多的钱去学习写作，参加各种社群去督促我进步。虽然写作的目的是为了实现当初出书的承诺，也希望通过写作改变自己的思维方式。

2016年5月份，刚刚过完30岁生日，我做了一个决定，要开始练习写作。于是在5月30日生日当天，正式开通“卷毛佟”这个公众号。给自己定的目标是坚持每天写一篇文章，但并没有定下一个长远目标，也没有想过要坚持多久。刚开始动力满满，激情爆棚，每天都有好多想写的东西。随着时间的推移，也遇到了大多数作者遇到的问题，没有话题可以写了，肚子里存的东西都已经掏得差不多了。

但是牛已经吹出去了，不能自己打自己脸，所以就硬着头皮继续写。没有想到，这一写就坚持了5个月，一共100篇文章，累计20万字。1个月拿到原创和打赏邀请，积累了7000多个读者，收到6000多元的打赏。有的文章阅读量可怜，也有的文章被百万粉丝的大号转载过，我收到过3个图书出版编辑的约稿，还有28篇文章被简书首页推荐，同时收到了今日头条、一点资讯、网易新闻、百度百家等多个平台的入驻邀请。成绩虽然不大，但是对自己来说，已经很满意了。

其实当写完100篇文章的时候，我心里有一种说不出的感觉，不知道是高兴、失落、满意，还是迷茫。心里也有很多的疑问：写完了100篇文章，我有什么变化？我对自己的成果还满意吗？我接下来还要继续再写100篇吗？我是否拥有了自己的风格？我是否真的通过文字影响了一批人？心中满满的问号。

但是在写作的过程中，我发现，通过文字其实可以重新看待问题，去用另一种方式思考。这段时间，是我主动学习、主动阅读最多的一段时间，写作给我带来了很多潜移默化的影响。

总结的作用，不在于记录一段时间的结束，而是象征着下一阶段的开始。生活就像爬山，爬过一座山头，又会有一座更高的山。总结是认识世界的重要手段，是由感性认识上升到理性认识的必经之路。通过总结，使零星的、肤浅的、表面的感性认识上升到全面的、系统的、本质的理性认识。寻找出规律，并且在未来的生活中能够更好地运用这些规律。

我不知道我能不能活到 90 岁，但是这 30 年，至少是我生命的三分之一。跟过去的三分之一告别，去遇见未来更好的自己。

写给橙子学院的情书

3480 号橙子会员　陈巧蓉

此刻，我坐在 24h 书吧里靠窗的位置，给你写下这封情书。虽然已是冬天，但深圳依然是蓝天白云，阳光强烈，水波温柔。窗外是川流不息的车辆、霓虹闪烁的流光溢彩，耳机里是迷人慵懒的法语香颂，周围安静得能听到翻书时沙沙的声音。回想起来，很早就与你结缘了。

上大学时，我第一次翻开《拆掉思维里的墙》这本书，就情不自禁地一口气读完了。从此，我发现，古典老师这个名字开始不断地出现在我的生活里。也许我自己都未曾觉察到，通过古典老师的文字，我已经慢慢升级为古大大的粉丝了，再到后来毫不犹豫地报名成为橙子学院的会员。

可是，你知道吗？我的 2016，因为与你不断地更深层次的联结，发生了很多我自己都意想不到的惊喜，也许，我在慢慢长成一棵大树。但我更加惊奇地发现，我的生命已经发生了一些小而美的变化，当我把这一个个小小的变化，从点串联成线时，我发觉不仅仅是大树，生命中更多的无限的可能性在等着我不断去发现、去探索、去经历。我在不断成长为自己的样子，慢慢活出我自己的样子。

2015年毕业后，我真实地践行着“no zuo no die”的口号，生命不息，折腾不止！不止一个人对我说过，“为什么要那么作”。在不断折腾的过程中，我却清楚地知道，我其实是非常焦虑的。2016年年初，我腿脚骨折，在家休养的时候，更是经历了一段低谷期。

每个人都是独特的，可我们却把人生的路定义得越来越趋同和狭窄。

生命中的前20年，是不断地失去自己。而后20年，是不断地去把丢失的自己找回来。

第一次参加橙子学院深圳小伙伴的线下活动时，收获了满满的感动和温暖，和同频的小伙伴在一起，和有趣的人一起做有趣的事。也许我自己都没有觉察到，我的心不断苏醒，变得更加敏锐。

当我发现，我的活动总结文章《想提高“财商”？这款小游戏说不定能帮到你》出现在了橙子学院的微信公众号上时，心跳都快了一秒，感觉到有一种喜悦感从内心里涌出来。

我开始在简书上写作，从第一篇开始，文章连续几次被简书推荐到首页。当那些天我的手机不断地出现有小伙伴喜欢我的文章，给我的文章留言的提醒时，我自己都意想不到，我只是真诚地写出了自己的一点所思所想，却能帮助到别人。当收到第一笔打赏时，除了开心，心里更多的是一种不敢辜负读者的负担和责任感。

2016年，我为自己的职业和人生按下了重启键。虽然现在回忆起来，经历了很多痛苦的纠结和挣扎，但是，2016年，对于我来说是意义非凡的一年，这一年，我经历了自己的间隔期，也是我的重新启动期。没有这些，我就不会是现在的我。按下重启键后，我的人生也开始被重新激活。

通过橙子学院一期期训练营的学习，我不断地进行自我探索和反思。在成长的路上，痛并快乐着，在一次次小小的蜕变和成长中，实现了行业和职业的转换。或许这种转换并不是那么华丽而耀眼，但使我的内心有了冲动和激情。

变化是绝对的，不确定是永远的，人生本就没有唯一和固定的框架，不确定性就意味着无限的可能性。

在人生路上，和橙子同行，我相信，我们的生命会不断突破那层包裹着的茧而焕发出不一样的光彩，我们的生命会持续燃烧。

不曾拼过，怎会懂得

6315 号橙子会员　格格

微信公众号：格格吉祥

2016 年年初的我，像一只想要过河的毛毛虫，没有翅膀，却想飞翔。面对命运的大河，我只能日益精进，修炼自己，才最终破茧成蝶，飞到彼岸。这一年，几经曲折，我终于找到了喜欢的工作。工作之余，我跑了 6 个半程马拉松、1 个全程马拉松，读完了 100 多本书，写了 50 多篇书评，还开始每天背单词、练口语，每天写一篇微信公众号文章。

好多小伙伴都觉得，我在这一年里进步神速。大家都想知道，这只当初的毛毛虫，是如何破茧成蝶的。为此，我特意梳理了这一年的生活关键词，和大家分享。希望更多的朋友都能把日子过得风生水起、精彩无限。

冒险：从跳槽到跳坑，终于找到喜欢的工作

海伦·凯勒说过，“Life is either a daring adventure or nothing at all。”人

生如果不是一场勇敢的冒险，那么就什么都不是。

春节过后，我跳槽了，开始了我的冒险之旅。对此，不仅朋友不理解，家人也并不支持。在他们看来，我完全没有必要把一份“岁月静好、现世安稳”的工作丢掉，转身去投身未知的未来，这样做风险太大。可是，我做的工作只是外表光鲜，没人知道我有多不开心。

我本来想用行动向他们证明，我的选择是正确的。没想到，我以为的跳槽，竟然是跳坑。当经理在会议室里承认对我的面试就是一场骗局时，我知道，家人担心的事情变成了现实。

我果断离职，用一个月的时间拿到 3 个 offer，选择了其中我最喜欢的一个，换到了现在的公司。现在，我每天做着自己喜欢的工作。当我每天都心情愉快地哼着歌时，我只想告诉大家，你一定要做自己喜欢的工作，这种感觉太棒了！

如果当初我不曾勇敢地冒险，就不会像《牧羊少年奇幻之旅》中的主人公圣地亚哥一样，找到属于自己的宝藏。

挑战：体育补考特差生，变身马拉松跑步达人

今年，我共跑了 6 个半程马拉松、1 个全程马拉松。好多人都认为，我肯定从小就是个体育达人。不好意思，让大家失望了，我从小体育就特别差，把“体育补考”这项伟大事业坚定地从入学进行到了毕业。

在朋友的影响下，我从春节开始跑步。最开始，跑几百米，我都喘不过气来，必须停下来。但是经过慢慢练习，没想到，当初只是想在这一年跑一个半程马拉松的我，竟然跑下了这么多半程马拉松。

9 月，我报名参加了全程马拉松，我生命中的第一个 42.195 公里。说实话，我在参赛之前跑过的最长距离是 25 公里，对此我完全没有把握。就像是要面临一场重大考试的学生一样，我有种如临大敌之感，非常紧张。

当怀着忐忑的心情终于跑完全程时，我最大的发现就是，原来所有的困难都只存在于我们的想象之中，事情并没有你想的那么难。你不试，根本不知道你有多厉害。

热爱：以书会友，生活越来越精彩

我是个酷爱读书的孩纸。这些年来，我几乎每天都在读书。今年，我读了 100 多本书，还写了 N 多书评。

后来，我成立了书友微信群——“书虫分享会”。就这样，我和书友们连接在了一起。平时，大家会聊聊书，进行读书方面的交流。有慷慨的书友把自己 N 多电子书都贡献出来，分享给了大家。我们几个离得近的书友，还经常互相换书看。

有读书会线下活动时，我也会去参加。通过这些活动，我又认识了更多优秀的书友。有人利用业余时间运营电台，有人把读书总结做得像年终报告，有人通过手账把生活管理得井井有条，有人妙笔生花，已和出版社签约出书。这些朋友把正能量传递给我，让我见识到了生活的另一种精彩。

根据“吸引力法则”，思想集中在某一领域的时候，跟这个领域相关的人、事、物就会被你吸引过来。我相信，我的精彩生活，正是我们这些书友之间因读书而相互吸引的结果。

去拼：未来的你，一定会感谢现在的拼命努力

10 月，经过一番犹豫，我报名参加了写作课，在听老师讲课之余，还要每天至少写 500 字的文章。我工作时很忙，一刻不得闲。每天下班后读书、背单词，都是固定项目。再加上写作课，生生把我逼成女战士。为了完成每天的各项任务，我只能一再压缩睡眠时间，分秒必争，天天忙成狗。

这样的生活虽然辛苦，但是一切都是值得的。现在，我不仅每天都写一篇文章，还一路收获了太多惊喜。

我的数篇文章发到简书上，都被推荐到了简书首页。个人微信公众号也开通了原创和打赏功能。

我写的背单词文章，吸引了很多爱学习的小伙伴。他们纷纷加入了我成立的群，每天和我一起背单词。

背单词的同学们，学习热情高涨。在大家的提议下，我又成立了每天练口语群。我之前早就放弃了口语学习，没想到竟然又重新开始积极进取了。

经过这一年的拼命努力，我发现，当你开始竭尽全力地奔跑时，就会悄悄启动你身上的马太效应。只要你去拼了，生活给你的无限惊喜，比你当初想要的还要多出千倍万倍。

不信？那你就试试吧！

成长，就是去做、去改变

120 号橙子会员　Power

微信公众号：Power 匠

2016 年年初，我给自己出了份考卷！

1. 学习与践行：我要成为新精英认证的生涯规划师，并且把所学所得用来帮助同龄人。

2. 关系：善待自己，照顾家人，广结善缘。

3. 健康：均衡饮食，规律作息，适当运动，保持身心健康、精神爽朗。

一年过去了，到交卷的时候了。

1. 学习与践行

完成新精英生涯规划师认证班和咨询师特训营，并完成收费个案 10 例，完成两场分享。

成为橙子学院创始会员和广州橙市合伙人，参与组织策划超过 15 场活动，并开始写文章。

加入鹏程学院和知识型 IP 训练营，进一步扩大自己的知识面和人际接触面。

2. 关系

看了 3 场 Twins 演唱会，最幸福的是我终于拿到了她们的签名，并且和她们握手了！

常回家探望妈妈和外婆，用心陪她们聊天，如果不回家，我会多给她们打电话。

关心自己，善待朋友，合理分配独处和社交时间，保持正能量状态。

3. 身心健康

去健身房运动，每周 1~3 次，搭配均衡的饮食，一定要吃早餐，坚决不熬夜。

有意识疏远一些消耗我的正能量或带给我负面情绪的人，保持心境平和。

注重自己的精神面貌，尝试塑造职业形象。

接着，给自己打分吧！

1. 学习与践行，80 分

作为一名在事业单位里工作了两年的社会新人，我在参加认证班的时候还有那么一丝“幸好我觉悟早”的自豪感。可是当我参加咨询师特训营的时候，我的同学都是有二三十年年资的社会人士，最少的也有 8 年。这让我意识到自己不具备当一名生涯规划师的条件，也开始有点气馁。

正如那一句话所说的，“你连世界都没有观过，还谈什么世界观”，同理，我都没有几年职场经验，要怎么帮别人做生涯规划？但是，我还是想要去尝试，我觉得自己肯定是有价值的。

古典老师不是说过吗，对于新入职场的人来说，最好找比你们先进职场 3 年的人来咨询。没错，资深的生涯规划师是更有智慧，更能给予大局上的建议。但是，杀鸡焉用牛刀？更何况资深的生涯规划师收费那么贵。既然这样，我在什么层次，我就去帮助什么层次的人，解决什么层次的问题就好啦！而且年资可以积累，我个人也会成长，我能帮助的人一定会越来越多！

我的想法是，职场的前 3 年不要关注如何赚钱，而是要关注如何让自己值钱。这个阶段的人最应该做的是打造职场核心竞争力！我欠缺经验和智慧，那我就不饰演“智者”的角色，我饰演“支持者”的角色吧！我可以给同龄人普及生涯理论，运用能力卡片和能力管理矩阵帮他们明确接下来的努力目标，制订能力提升计划呀！

后来，我给 8 位同龄人单独做了能力管理指导，有 6 位达到咨询效果，有 2 位未能很好地消化吸收，而我还是会继续关注他们的成长。此外，我还在橙子学院里做了一场主题为“能力管理”的小型分享，也获得了学员们的好评。

未来的一年，我要打磨出自己的课程，从免费分享开始做，积累自己的专业知识，更好地用生涯规划去帮助人。

2. 关系，90 分

在关系这方面的收获，让我的幸福感一直保持在高水准上。

今年我一共看了 Twins 的 3 场演唱会，给我最大的感受是，一定要去见你想见的人，表达你对他们的爱！

从她们一出道我就非常喜欢她们，但是那时候我还是小学生，只能在电视机里看自己的偶像。我妈妈不支持我追星，所以我家里只有两张她们的正版 CD，而且还是妈妈的朋友知道我喜欢，买给我的。我已经习惯了错过，因为在我的认知里，追星不是我能做到的事情。

但是现在我出来工作了，有能力做自己想做的事情了，那我一定要去做呀！别人的不理解一点都不重要，因为这是我的梦想，是我的偶像，我去爱就够了。

从前那么遥远的偶像，15 年后我终于和她们握手和合照，这是何等的幸福呀！如果她们没有撑过这些年，我要去哪里见她们一面？想想都觉得心酸。

所以，仅仅是我看了3场Twins的演唱会这个疯狂的行为，我也给自己90分。

3. 身心健康，80分

2015年12月底，我做了一次全身体检，结果显示我有一个癌症指标阳性。当时我脑子里一片空白，第一感觉是：我读了这么多年书，才刚刚开始赚钱，怎么就生病了呢?

很快地，我意识到，这与我的生活习惯肯定脱不了干系！所以从那一天开始，我一改以往的不良生活习惯，比如容易生闷气、晚睡、吃蔬菜少、吃零食多、经常久坐且缺乏运动等。

过了3个月，我再去复查，指标正常了。但良好的生活习惯，我依然在坚持。

回想这一年，我给自己定了好多个大大小小的目标，在执行的过程中，不是时间不够用，就是精力不够用，再就是金钱不够用。总之，总有一个困扰着我。但事实是，这三者都是有办法可以解决的。

对于目标管理，要考虑几点：如果目标太多就做减法；如果目标不够让你怦然心动，那就先缓一缓；如果目标定得太高，自己做得不够好，要么降低标准，要么去找更好的方法。

对于时间管理和精力管理，关键还是提高效率和效能，最好可以学一些管理技巧。关于这方面的课程，橙子学院都有，我也逐渐摸索出一套自己的方法。

我的观点是，时间、精力、金钱，都是握在我们自己手上的资源，要善于运用，一旦透支了，很容易动用最重要的资源——健康。

正因为有了这个认识，并且付出了行动，所以我感觉自己这一年的健康状况比上一年好多了。

最后，做个小结吧！

不管你飞得多高，学得多深，爱得多宽，活得多自由，也请你反复确认自己是否幸福。如果是，那就坚持；如果不是，不妨停一停，想清楚再出发。

成长应该是自己看得见的样子

3205 号会员　林达
微信公众号：林达 LD

从《拆掉思维里的墙》说起

作为一个生活在三线城市的 90 后，周围的环境让我从出来工作就显得很懒散，工作没有目标、没有计划，指哪儿打哪儿，问题是还打不准。但在当时，我还毫无危机感，每天把时间当成流水一样不断让它流走。白天浑浑噩噩地工作，晚上糊里糊涂地虚度。

某天看到一本书《拆掉思维里的墙》，觉得这书名有点意思，就随手翻翻。不料一读就没间断过，这里面很多个案例，不正是在说我嘛！没有目标性、生活无趣、不知道自己想要什么，读完脸都滚烫了，赤裸裸地被一本书说穿原来是这么一种体验。

迷茫也许是这个时代年轻人的共性和通病，因为迷茫所以焦虑，因为迷茫所以急躁。后来我发现，自律是解决迷茫和焦虑最好的方法，但是单靠一个人的力量，很难坚持住，如果有一个组织、一群人跟你有同样的目标，那就会有更大的动力。

这个时候橙子学院就出现了。每天三件事、生命之花，各种很美好的词语显现在眼前，虽然那个时候我还不知道怎么玩。在此之前古典老师的生涯三叶草和生命四维度给了我很大启发，让我知道了人还可以这么活，不要被外在和别人所左右，才能活出属于自己的人生。

鉴于此，我就义无反顾地加入橙子会员，那是我第一次参加知识付费活动。到现在回过头看，如果没有在橙子的学习，这一年会少了很多斑斓的色彩。

结构 + 效率，让输出更顺畅

作为一个爱好写作的人，我过去总是写写停停，有时候一个月写一两篇，有时候几个月才写一篇，很是拖沓。后来开始在橙子学院上课，看到各个训练营开课时，每个课时都罗列出详细的知识点，循序渐进。那个时候突然被点了一下，我的文章就少了这么一个结构化的形式，让人家看起来很晦涩。

从那之后，我写文章就注意提炼知识点，并优化排版结构，不断地将学习的知识与平时工作中的经验结合，输出成文章。同时，加快了写作速度，坚持每天写作输出，发布在简书上。文章渐渐被推送到首页，被越来越多的读者关注到，被更多的自媒体平台邀请入驻，连橙子学院都转载了我的文章到公众号发布。

有时候电光石火之间的一个灵感，就揭开了属于自己的契机。

自我管理是这么玩的

自我管理虽然听了很多遍，但是真正落到实处应该怎么做，却一直没有学习系统的套路。

沟通是与他人连接的主要方式。我参加了沟通力训练，get 到最大的套路就是第一次跟人见面怎么找话聊，避免把天聊死的尴尬。前者让我学会了主动开口，后者让我学会了引导话题。原来，聊天也可以这么好玩。

情绪控制是生活中必修的科目。每天各种压力常常让人喘不过气来，稍不注意就火山爆发，通过学习情绪管理，我学会了释放情绪的小技巧，让情绪在爆发之前就减缓。还有，分析了各种情绪类型的人应该如何相处，避免在工作中起冲突。

培养一个习惯除了需要自身的定力，还需要一些辅助工具。以前养成习惯更多的是依靠坚持，在进行了习惯养成训练之后，我学会了一些窍门，让习惯在养成的过程中更有趣味性。

积极主动的自我管理，不是给人生上枷锁，而是让人生更丰富和充满动力。

拆分目标，小步快跑

“没有目标的人生如同咸鱼”，这句话我深有同感。在参加工作的前几年，我荒废了太多的时光，目标也设定得不切实际，半途而废是家常便饭。实际算下来，真正的收获，几句话表达不出来。

在橙子学院，学到最有用的就是制定目标，并制订具体可行的计划。把一个大目标拆分成小目标，慢慢前进。

每个月在各个平台发布 10~12 篇文章，平均 2~3 天一篇；

每个月阅读 3 本书，并做读书笔记和思维导图；

每天早起做 300 个俯卧撑，晚上跑步 1 公里；

每天练习手绘和 PPT 制作各半小时；

通过职业资格考试。

将目标拆分后，不会再感觉遥不可及了，每天只要多练习和准备，源源不断的知识输入和输出，技能和身体素质的提高，都让自己有了更深的体会。

小步快跑，一步步走向自己想要的样子。

成长应该是自己看得见的样子

我慢慢看到了成长中的自己，虽然还很渺小，但会一点一点地成长为参天大树。在成长的过程中，有很多困难和挫折，有很多不解和嘲笑，只有自己知道，成长就是需要大踏步越过荆棘，才能看到成功的彼岸。

我相信，正因为生命有无限的可能，才给了我拥抱美好的机会。如同橙子的口号一样：成长，是面向未来的信仰！

每一个不曾写作的日子，都是对生命的辜负

213号橙子会员　弘丹

微信公众号：笔耕不辍

我写作，不是为了名声，也不是为了特定的读者，我写作是为了光阴流逝使我心安。

——博尔赫斯

从2015年到现在，我持续写作700多天，花了将近600个小时，写出了100多万字。这700多天，我自己仿佛获得了重生，生活状态也与以前完全不同，这是写作带给我最大的改变。

写作小白进阶记

在最开始的半年，我天天在书桌前写日记，记录生活里发生的事情，写了整整3个笔记本。在2015年的6月份申请了微信公众号“笔耕不辍”，第一篇文章的题目是《每日写作带给我的变化》，开始给通信录上的朋友推

荐我的微信公众号。

当时，一位朋友说，她觉得我其实就是写日记而已，怎么好意思冠冕堂皇地用“写作”这个词呢？还好，我心宽体胖，也没有在意她说的话，继续做我自己的事情。在一两个月之后，她又给我留言说，我写的一篇文章带给她很多思考，之前以为我就是写写日记罢了，根本谈不上写作，没想到我写得越来越好了。

也许最开始别人不理解你，但那又怎样，你不必因为别人的不理解就放弃自己喜欢做的事情。

对于写作，很多人还没有开始写，就担心自己写不好。我组织了多期“百日写作”和“21天爱上写作”活动，参与者超过600人，参加活动的人总是会担心自己写得不好。你要有勇气拆掉思维里的墙，去做自己想做的事情，成长为自己想要的样子。

如何持续地写下去

我想这个问题，是很多写作者关心的吧。

我自己觉得，动机越纯粹，越有力量。我写作的初衷是：写下自己的所想所思。时至今日，我写作的初衷依然如此。写作，不仅是为读者而写，更是为自己而写。因为这个简单的初衷，即使在最开始，文章的阅读量很低，即使常常被简书首页拒绝，每次想到自己写作的初衷，就会觉得无所谓，我继续做自己该做的事情，写自己想写的内容即可。

然后就是要千方百计提高输入。写作是一种输出，如果没有高质量的输入，也很难有高质量的输出。2015年，我看了60多本书。2016年，我阅读了100多本书，这个阅读量是以前的十几倍。花在阅读上的时间，甚至超过了写作的时间。

经过这700多天的写作，我也发现，自己是喜欢写作这件事的。正如村上春树说的：喜欢的事儿自然可以坚持下去，不喜欢的事儿怎么也坚持不了。清晨起床，第一件事就是坐在书桌前，沉浸在写作的乐趣中，我想要一直写下去。爱上写作，一生笔耕不辍，这是我对自己的期许。

博尔赫斯说："我写作，不是为了名声，也不是为了特定的读者，我写作是为了光阴流逝使我心安。"

每一个不曾写作的日子，都是对生命的辜负。每日的写作就像是与自己的约会，在静谧的时光中探索内心的世界。写作使我心安，通过文字，找回自己，让我在快节奏的都市，保持一种慢生活。

因为写作，连接无限可能

因为写作，我开启了完全不同的人生。

2016 年 5 月份，我成为简书签约作者，在简书签约群里，认识了优秀的写作者，比如，彭小六、剽悍一只猫、夏苏末、沈万九等。

也是因为写作，在 2016 年，我采访了 20 多位女性，书写了她们的故事。我曾采访第五届"做自己论坛"的分享嘉宾郭晓雯，畅销书作者夏苏末、苏听风，高尔夫球国家运动员宋依霖，从外企辞职成为花艺老板娘的 Miki，曾去艾滋病村支教的莫琳……

在采访她们的过程中，也让我看到了生命更多的可能性。很多时候，我们不是被困在讨厌的生活里，而是被内心的恐惧以及自己的思维困住了。

当橙子学院记者团成立时，我立马报名参加了记者团。在记者团，与央视财经频道国际组出镜记者朱燕飞成为挚友，采访了自由撰稿人、心理咨询师、造梦师张宏涛，以及古典老师钦点的采访对象、三合院能量舒活中心联合创始人塔罗老师，还有隐喻故事治疗师卡乐。

在采访的过程中，我被一个个生命感动，用一个生命影响另一个生命。而我写出的故事，也影响了其他人，给其他人带来力量。

斯蒂芬·金曾说："写作是一种实践。"如果你能够坚持 10 年每天举重 15 分钟，你就可以打造出肌肉。如果你持续 10 年每天写作一个半小时，你就会变成一名优秀的作家。

时间还早，我可以慢慢来；人生很长，我可以慢慢写，一直写下去。

慢慢地，把生活修正成自己想要的样子

3355号橙子会员　赵媛

我是小县城里的一名老师，已工作8年。在学校体制下，工作、生活的作息时间都很固定。当我回首这8年时光，我发现，工作之外大把的时间，我都浪费在琐碎的、无意义的事情上了。

我不希望自己除了教育孩子以外，其他的什么都不会；我不希望有一天体制改变了，才后悔当初，才措手不及地心慌；我更不希望眼看着时间从指缝中溜走。当我们一切都没有的时候，时间是我们最好的投资成本，而投资健康和学习则是永远都不会让自己亏本的两件事情。

我，应该做出一点改变了。

小县城没有大城市那样有浓烈的对个人成长投入的意识，根本也就谈不上什么人生规划。我和橙子的相遇源于古典老师的《你的生命有什么可能》，也只是因为怀着好奇心想看看古典老师守护的那扇门的背后是什么样子，于是就小心翼翼地推开了橙子学院的大门，它让我把生活修正成了我

想要的样子。

开启了自我管理系统

1. 九宫格

我的自我管理是从学院的三件事和小确幸打卡开始的，我坚持了 184 天。之后我找到了适合自己的方式，然后就有了自己的每日九宫格，这也是我现在每天感到最快乐的事情。

吃青蛙和每日一绿即学院的打卡；加蘑菇来源于超级玛丽，加了蘑菇的超级玛丽会长大，也多了一项吐子弹的技能，即能力上的提升；种太阳代表每天许下的小心愿；新视野代表今天接收到新信息。

学生时代的我成绩一般，长相一般，扔人堆里永远不会发光。毕业之后，经历了很多，从工作到生活再到感情世界，残酷而又真实的经历让我的三观彻底刷新，导致自己无法从内心里真正接受现实，最后患上抑郁症。幸好病情轻微，家人和朋友的爱把我从要死不活的边缘拉了回来。那种感觉真像是做了一场梦。现在，当夜幕来临，收拾好一天的喜怒哀乐，一个人坐在书桌前的台灯下，想着每一天的生活，在本子上播撒下这样那样的小希望种子，我是那么庆幸我活了下来，甚至比从前更热烈了。虽然我不知道它在最后究竟会变成什么样的大树，但它也如同过去抑郁症里那些痛苦的撕裂一样真实，我更能够感觉得到它在生根发芽。

2. 周计划、月计划

从小到大，尤其是寒暑假必做计划，而每一次的计划不出一周又必定偃旗息鼓。其实时间本身是无法管理的，因为生活有很多的意外，我们能管理的只有我们的习惯和行为。古老师说，没有完美的一天，但是可以有完美的一周一月，这也是橙子学院生命之花的意义所在。

每周会有 10 到 12 件想做的事情分别排进这 7 天里，会因为今天的某个意外把事件提前或推后完成，也会因为突然来的一个意外再补录，而我每个月的生命之花开得非常鲜艳。

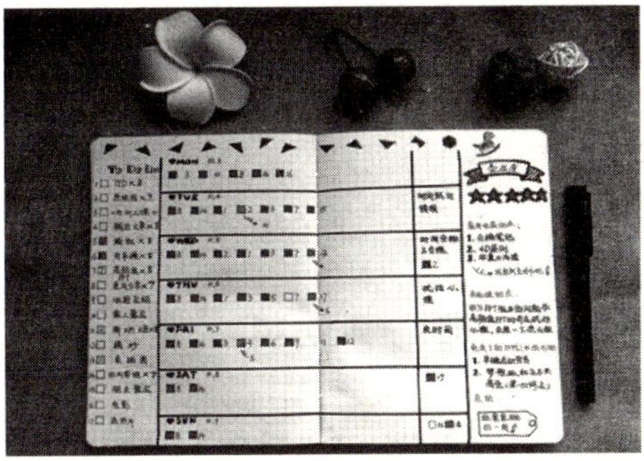

3. 习惯养成

我是晚睡一族，无法早早上床睡觉是困扰了我 10 年的问题。

9 月份学院安排了易仁永澄老师的习惯养成训练营，让我受益匪浅，我成功地把睡觉时间从 23 点 30 分以后变成了 22 点 30 分左右，并且正在向 22 点努力。

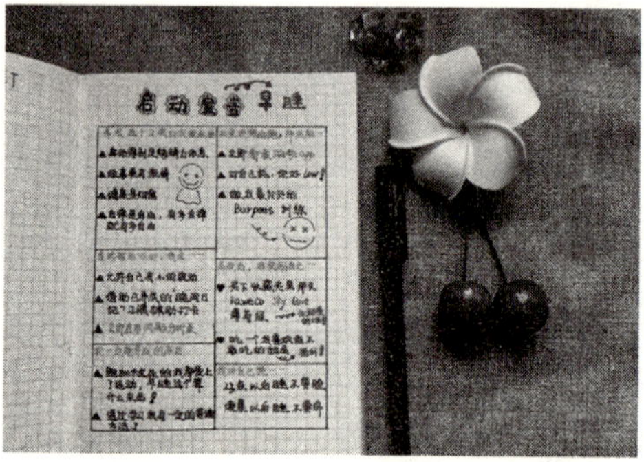

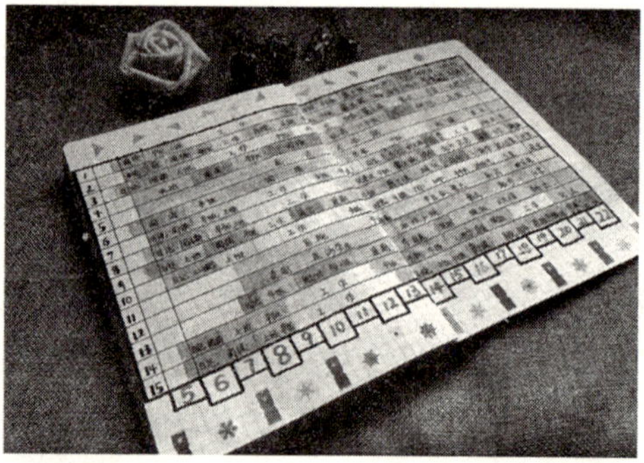

不仅如此，我也养成了记录时间的习惯，还养成了早起读一篇文章，在微博上写下感悟的习惯。

改变了读书和做笔记的方式

我以前读书喜欢犯一个错误，只注重数量，合上书即忘。以前听课写笔记，因为是照抄 PPT 模式，从来都不会去翻第二次。

橙子学院鼓励的“输出倒逼输入”方式让现在的我也有了自己的思考方式，在不断的学习中探寻更多的未知。

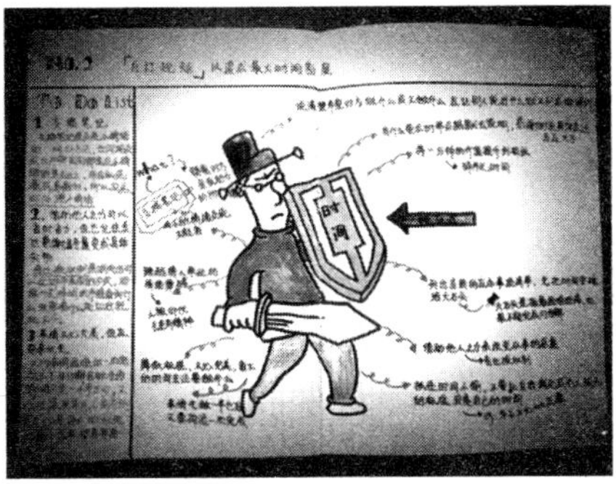

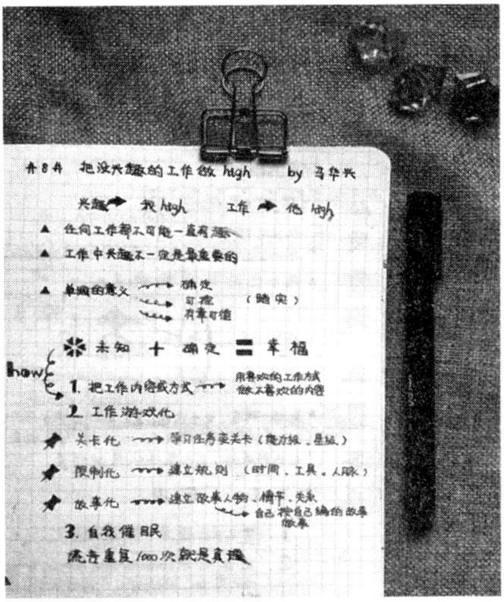

更加坚定了运动的决心

抑郁症让我胖了 20 斤。关于我是如何长胖的，这又是另外一个“我有故事你有酒吗”的下酒菜，这已经不重要了。

橙子让我更加自律且爱运动了，而我也从那个体育永远不及格的人变成了自己心中的那个英雄。

人生需要及时行乐，这是很多人的人生态度。行乐一点儿都没错，人本身就有趋利避害的本能，但问题的关键在于你怎样行一天的乐就是行一生的乐。越来越多的人希望通过自律过好自己的一生，其实都是在培养果断的执行力。可见，执行力是所有问题的关键。即使你想要的不是所谓的有钱有势有名有利的成功，但总有一种成功叫作不辜负光阴。这，不是一碗心灵鸡汤，而是你总要有一种方式向这个世界证明你来过，并且不后悔地说你来过。

三十而立

立的是什么？立的是跌倒了我不再去怪谁，而是想为什么；立的是欢喜了我不再去敲锣打鼓，而是不动声色；立的是看破了我不再去奋力嘶吼，而是处之泰然。

我喜欢我的 30 岁。

虽然我到现在还在小县城教书，每天和我的猴孩子们斗智斗勇；虽然我到现在还是会为了生活的琐碎、烦恼而流泪，没有变成女神，也没有变成马云；虽然我到现在还是会拖延、会犯懒癌，浪费大把时间，但我用了 7 个月的时间做到了过去 8 年来没有做到的事情。

还好，我的成长只是晚了 8 年，而不是一辈子。

我骄傲我是落在 960 万平方公里的祖国大地上的第 3355 个橙子。

希望所有的朋友都能因为橙子变成那个有故事的自己，慢慢地，把生活修正成自己想要的样子。

遇见更好的自己

1225 号橙子会员　远儿

2016 年年初，因为一次偶然的机会，我遇到了西安橙子学院组织，结识了一群可爱的伙伴。他们思维灵敏，喜欢接触各种新鲜事物，与他们在一起活动、交流，我的思维和认识也在不知不觉中变化、更新。

在社群的带动下，我开始在 2016 年进行一个全新的自我管理。从“断舍离”的清理开始，到尝试营养元气早餐、每天 Keep 运动、参加两期的 33 天 11 本读书营，再到用思维导图慢读一本书……每一个项目我都全情投入，并且发现收获的比预期的更加丰富！

回顾这一年，惊讶地发现自己做了如此多的事情。想想这一年的自己，变化最大的一点是：想到，就去做。不再惧怕和患得患失，所以遗憾变得越来越少，惊喜却越来越多。

今年，挖掘出了一些自己以前根本不敢想的潜力：进行了几个月生命之花的复盘后，结合“万有引历”，我找到了适合自己的管理事件的方式，在西安的橙子线下进行了第一次分享。

对于公开分享，我开始是抵触的，因为自己是一个较内向、不擅长与人打成一片的人。但是经过橙子小伙伴的肯定和推动，我还是决定把对自己有益的方法分享给大家。想到分享是对大家有益的，居然自然地消除了登台前的紧张感，顺利地完成了我的第一次分享。分享时间不长，大概半个小时，却让我发现了一个被自己忽略的自己。其实我是可以在公众面前分享的，而且做这件事的时候，内心是充满激动和喜悦的。

8 月份，西安“享橙鲜”想举办一次橙子的“奇葩说”。虽然我很喜欢看《奇葩说》，但是从未想过那些伶牙俐齿的辩手跟自己有什么关系。群主却不知哪儿来的信任，让我做辩论赛的辩手，当时我脱口而出“不可能”，但心中却有一个很小的声音对自己说“不尝试一下，怎么知道呢”。这个声音令我惊讶，从什么时候开始，面对未知的挑战，内心居然还有兴奋的感觉是想去接受的？这样大胆的自己令我惊讶，于是，遵从于这个声音，我真的成了正方的四辩。

参加辩论赛的那天，我才知道反方的四辩居然是参加过全国大专辩论赛的高手！奇怪的是，我当时内心的第一反应居然是：太好了！有这么优秀的对手，我一定可以学习到很多！我居然一点没有紧张。

比赛结果当然是对方获胜，不过我内心倒没有一点遗憾，并惊喜地发现了自己论说事物的风格：娓娓道来。对方的语速是疾风骤雨，我却是有感而发，娓娓道来。并且更大的收获是，我发现了自己看待问题的局限性和分析问题的逻辑上的疏漏。一场辩论赛下来，开始想要加强自己的思考能力和逻辑分析能力，并且有机会和大牛交流学习书单的构架，进行及时的修改，这种收获是我从未想到的。

以前的自己面对未知和挑战，总是会习惯地惧怕退缩，并且内心焦虑。但是现在的自己却更乐于尝试，不愿意再消极地等待或逃避，因为终究会去面对。倒不如勇敢去面对，积极地挖掘自己的潜力，提升自己的能力，去面对未来。

行动带来不同，分享促进成长

773号橙子会员　朱燕飞

微信公众号：学习成长再成长

“一个人可以走得很快，一群人可以走得很远。”在过去的一年里，我所有的“实现与完成”，都离不开良师益友们的指引与鼓励，离不开“橙子学院”这些卓越而可爱的伙伴的影响、敦促与陪伴。

橙子学院的每日“三件事”，开启了我宁静踏实的人生新旅程。一年来，我践行了“dream big, do small”（梦想高远，从点滴做起）的方法论。就像古典老师讲过的人生“加减乘除”中的除法，从点滴做起就是“细分目标”。比如，我做的新闻节目，通常就是一两分钟的呈现，我就按秒分配自己的专注力，一点点审查；要翻译一整篇英语新闻时，就要求自己先看懂一两句话，甚至只字阅读去切入。细分后的目标显然相对容易一点，更有利于心无杂念地马上去做。

就像电脑需要清理垃圾、系统修复和迭代升级其软件操作系统一样，一个人也需要不断地自我探索与反省，更新与升级自己的思维系统和心智模式，才能真正拆掉思维里的墙，看到生命中更多的美好与可能，用正确的方法去做正确的事情。比如通过持续积累与刻意练习去打磨自己的一技之长，向“一专多能零缺陷”的大目标前行。

一年来，我通过践行“小步快跑、不断试错”和“及时提交最小可交付成果”等理念，创造了职业发展领域的一些小确幸和新惊喜。

4 月 2 日中午，央视财经频道《环球财经连线》播出的《荷兰：花海经济，芬芳郁金香成为靓丽名片》是我参与编译并亲自配音制作的一条国际新闻，一个人完成了两个职业工种的任务。审片结束，受到了领导和同事们“配音很专业，声音也很有特色”的肯定与好评。

践行“小步快跑、不断试错”的概念（以前只在自己特别感兴趣的配音朗诵方面无意识地做过），还帮我打破了自己回国工作后心里设定的“瘦到理想体重”这一“等到模式”，在出差时对一个以“确保核能安全促进生态文明”为主题的国际论坛做了认真投入的报道准备。

近来，我在“超级个体”里，学习并且思考了科学的“迁移技能”与“萃取自己核心能力”的技能，应用了 WOOP [Wish（愿望）、Outcome（结果）、Obstacle（障碍）和 Plan（计划）] 这一工具和“If...Then...”（如果，那么）这一推进行动力的方法论，重新梳理、认知了自己在技能迁移方面的成功之处与仍需完善的地方。

小时候喜欢听收音机，我无意中输入了中央人民广播电台播音员的声音，为我 22 岁时考取“一级甲等”的普通话证书（央视播音员需要达到的业务测试水平）打下了基础。我认知了“高质量输入决定高质量输出”和“精准地模仿跟读是王道”的语言学习技能，在开始学习英语时，像小孩子一样用“空杯”心态去认真投入地听、模仿、跟读英美广播电台播音员或电影演员的语音，实现了发音练习的正向技能迁移，由中文的配音做到英语天气预报的配音，由中文主持人做到相关论坛的双语主持人。

而“721 法则”和“超级个体”里提到的迁移技能使我意识到，正向技能迁移的前提是两个技能的输入和输出是一致的。听的质量决定发音没错，但无论是中文还是英文，好的语言表达能力，还包括你说的内容，这涉及大量精品阅读的输入、思考和演讲表达，以及写作（文字的输出）练习等。简单地说，多听只能解决听力问题，而读、说、写的每个单项能力都需要分别进行刻意训练才能快速提升，只有在练习和使用的过程中才能更好地提升技能。

“超级个体”里说，“看见是改变的开始，行动是改变的抵达”，是的，“只想不做”，永远也等不来“完美”的那一刻。2016年，我的生命因持续行动而有了不同！

我是如何走出低谷获得新生的

797 号橙子会员　张婉蓉

我们的一生可以活很多辈子。对我们来说，7 年就是一辈子。

我的上一辈子

此时的我正坐在北京的一个公寓里，再过一会儿就要去赶地铁上班。这一场景对于在北京的人来说再平常不过，但对我来说却是新生活的开始。

我今年 28 岁了，刚刚从一个小城市来到这里。到今年刚好工作 7 年，这 7 年里我的生活就像坏掉的过山车，从山顶冲到山底，摔得特别惨，我花了两三年的时间才慢慢爬起来。

所以，对我来说，这一年就是新生。

我大学毕业后，进了省里最大的企业家俱乐部工作，工作很开心，升职也很快。遗憾的是，这么好的环境我却只待了一年，由于家庭和感情的原因，我被迫回到老家，进入体制内，过一种简单、清闲、看不到未来的生活，然后我感觉自己的人生失控了。

回到老家之后，我曾经尝试创业，自己做些事情，既没有人理解，也没有人支持，尝试几次后彻底放弃，顺从环境进了体制。

那时候我特别深刻地感觉到：一个人就像一颗种子，即使生命力顽强，如莲子可以存放千年，但也只有遇到合适的环境才能生根发芽开花。

客观地说，体制内不是一点好处都没有，有的人就觉得清闲又舒适，而且也习惯那样的交际方式。但我属于内向性格，能从独处中获得能量，而过多的无意义的交际则会耗费能量。所以说，了解自己，找到合适的土壤最重要。

在这样的环境下，我觉得疲惫不堪，又无比孤独，正能量慢慢耗尽，负能量逐渐增长。我开始变得沉默寡言，一回到家，除了吃饭，就把自己关在屋子里，不看微博，不看微信，脑子里越来越多地浮现出清幽的寺院场景，心向往之。查了资料，感觉自己是有点轻微的抑郁了。

这一辈子的新生

这样过了很久，在2015年的时候，因为一个契机，知道了《你的生命有什么可能》这本书，我一下子就被它的名字吸引了，赶紧买来，一口气就读完了。那时候的状态就像出窍的灵魂突然回来了，激动得坐也不是、站也不是，饭也不想吃，班也不想上，就想马上把这个作者的所有资料找出来。调查得差不多之后，我发现有个线上的课程《成为职场MVP》，当时真是喜出望外，第一次感觉到互联网这么美妙，让我可以继续与外界发生联系。

于是，我报名参加了2016年开年的第一期课程，成为了九期一班的一名学员。然后我了解到了对我的人生起到重大转折作用并让我获得新生的几个概念：

生涯幻游；

小步快跑，快速试错；

专业对口是个伪命题，具有可迁移的能力、技能都是可以习得的；

幸福靠职业，发达靠行业。

通过生涯幻游，我看到了未来憧憬的生活画面：我成为一名插画师、写作者、生活家，住在郊区或田野，有院子，里面种满了花花草草，一部分时间可以自己调配，生活简单质朴，精神富足。

不知道是因为小时候的遗憾导致了如今的念念不忘，还是真的想要这种生活，抑或是这种生活只是一种不现实的想象。最靠谱的辨别方法就是：尝试。

于是，在3月份参加完《成为职场MVP》毕业典礼，拿到了“大满贯学员”的称号后，我就开始进行试错。

第一步，先是买了画材练习绘画。画了一段时间之后，发现自己居然完全沉浸其中，线条组合的神奇和水彩颜色的变化都让我深深着迷，以致总是忘记了吃饭和睡觉的时间。这件事就像一缕阳光照进了本来充满雾霾的生活，我的心情开始逐渐好起来。

第二步，在绘画渐入佳境的时候我又报了一个写作班。写作班要求每天看一篇名作，每周写一篇文章，群主抽号点评。然而，我没有坚持下来，四周以后我就再没写了。一是课程理论不是我需要的，二是我发现很难写出高质量的东西，因为自己的沉淀太少，虽然文章上了简书的几个专题，但还是没有上首页。写作上的尝试，让我进一步了解了自己的现状和方向，从而更加明确努力的方向。

有方向还不够，硬技能也很重要。

除了以上两个尝试之外，我还加入了橙子学院，成为一名创始会员和橙市合伙人，参加了关于时间管理、人际沟通、了解性格、提高情商的几个训练营。其中王奕霖老师的课程——《21天影响力倍增的人际沟通术》，对我获得新生起到了巨大的作用。

虽然收获和成长让我有了更多的底气去争取家人的支持，但想要说服他们，还是需要一定的沟通技能的。这个课程刷新了我对沟通本质的认知，我一边实践，一边观察，一边思考，进而去调整自己的行为。

以上的经历告诉我：

第一，一个人要知道自己想去哪儿。

第二，当你知道了自己想去哪儿的时候，要立刻尝试，一直想却不行动，你永远不知道自己是不是真的喜欢、真的适合。

第三，要有合理的计划，也就是自我管理。

第四，要坚持不懈，不要一口气给自己定太高的目标，否则完不成的话会遭受重挫，进而放弃。

第五，为了达成自己的目标，要学习一些扫除障碍的硬技能。

我先是通过生涯幻游找到了大概方向，不再害怕自己在某方面的零基础；接下来小步快跑，进行试错，同时学习了自我管理，让我的生活更加平衡；最后再加上沟通和心理学方面的学习，这些环节相互衔接和配合，就像组成了带助力的轮子一样，驱动着我快速前进。

在这样的驱动之下，一个人的成长速度会超越以往，而这样的成长就像魔法药剂一样，滴在生活的水中，使生活发生了神奇的化学反应。周围的人从开始的不相信和反对，到慢慢地看到我的改变，从而转向相信和支持。

于是我才可以顺利辞掉体制内的工作，来到北京继续追寻我的梦想。

结尾

如果说 7 年就是一辈子，那我上辈子就是在迷雾中行走，踩到过荆棘，也摔进过山谷。还好不需要喝孟婆汤，上辈子的伤都记得，也长了一智。这一辈子，我可以在原有的基础上直接升级，避免重蹈覆辙。

李笑来老师说：“我们相信，通过学习可以获得重生。每一辈子都要至少习得一个重要的技能，进而获得不可逆的重生。”

如今的我已经开始了新生活。如果你现在也如同我曾经的状态，看完文章之后有没有多了一点信心呢？不要再犹豫了，放手去做吧！

只要对世界抱有好奇，大叔也会有春天

269 号橙子会员　苏耀凯

我获得了 2016 年橙子学院“橙（成）长之星”的称号，对一个 70 后来说，挺让人意外的，包括我自己。毕竟，在橙子学院，尤其是在一个以入职 1 ～ 10 年的职场鲜肉为主的在线学习社群里，在一大群与我的孩子年龄相近的 90 后小伙伴之中，我是个老腊肉。估计会有人说，你这个老腊肉，凑什么热闹，不是水喝多了吧。

在一句话谈获奖感受时，我提到的关键词是“重新出发”，我说：“人如果是一辆汽车，那么在行驶了 20 多万公里后，就需要进行大修，更换引擎，重新出发。2016 年对我来说就是一个更换引擎、重新出发的过程。”这个重新出发的一年，可以用三个关键词概括。

第一个词：大修

人过了 40 岁，身体上潜在的不适该出来的都出来了，早年的不注意或

不良习惯对身体构件潜移默化的影响也在这一阶段从量变到质变，逐渐暴露出来。犹如一辆汽车，如果平时保养得不及时，现在都20多万公里了，无论如何，你都要进行一次大修了，而大修最好的方式是进行运动锻炼。2016年我选择了跑步，几近疯狂，最终坚持了下来，全年跑步里程1300多公里，参加过4次马拉松比赛，并坚持跑完全程。

而且我发现，人过了40岁以后，一旦你突破了运动初期的不适感，会容易形成“刚需”。我接触到的很多朋友都是在40岁以后开始跑马拉松，持续跑到六七十岁的。这使我更加相信，在40岁开始培养一个运动习惯并不晚，而且成功率有可能很高，不妨一试。

第二个词：平衡

人到了中年，上有老，下有少，工作上的角色也很关键。在希望自己事业更进一步的同时，也渴望有机会发展自己的爱好，开始做回自己。这时候能怎么办？当然是平衡了。在2016年，我是这样做的：

对待家人，在用心陪伴的时候，努力创造一些陪伴的精心时刻，比如为年近90岁父母办家庭春节联欢会，带着妻子女儿去上海迪士尼乐园游玩等。

对待工作，与同事们一道尝试售电、电商平台等新兴业务，以应对严峻的形势考验。对待爱好，也尝试着用一些碎片化的时间、业余时间去练书法、写作、通过分享帮助别人等。

第三个词：跟上

我们爱自己的孩子，爱团队中的小伙伴，但前提是要懂得和理解新一代人的思维方式、喜好，用他们喜欢的方式进行沟通。要做到这一点，除了善于观察思考外，保持与这个时代的同频共振很重要。

我们不能身体已跨入了互联网时代，脑袋却还停留在工业时代，否则会增加代际之间的隔阂，影响个人和组织的发展效果。而保持与时代同频共振的最好办法，是加入一个在线学习社群，找到属于自己的圈子，而橙子学院就是一个观察年轻人、了解当代社会的最好窗口。

我的感受很明显，加入橙子学院后，与其说我主动去学习，不如说自己受到正能量场的影响，被推着往前走。

这一年印象最深的有：结构思考力训练营有一个叫巨人姐的，每次打卡除了 3 大点外，每一点还有 3 小点，这长长的打卡怎么一个认真了得；长春橙的雨鑫同学每日的视觉化日志让人理解了什么叫热爱，大家公认她正在活出自己的样子；紫荆橙的李富佳同学每日运动后记录，已经坚持了 500 多天，他说他要坚持 10000 天打卡，现在他正在经营着自己的运动社群……

在这么多优秀的小伙伴之中，哪怕你身手不再灵活，你也会被裹挟着往前走，不自觉地加快脚步以跟上他们的步伐，不至于落后得太多。

说到这儿，想特别郑重地对古少侠以及橙子学院的其他小伙伴近一年来的工作表示衷心的感谢，是你们创造性的工作让广大橙子收获了成长、收获了友谊、收获了感动，更重要的是，让我们有机会在这个伟大的时代，共同创造我们希望看到的未来。

在成长节收尾时，我看到了一位小伙伴在流眼泪，我相信那是自我蜕变之后收获的幸福的泪水。

阅读改变了我

王玉玫

我以前的生活特别安逸，通俗地讲，没有经历过什么事儿，该读书的时候读书，该工作的时候工作，该结婚生子的时候结婚生子，一切都按部就班。夸自己呢是岁月安好、现世安稳，对外解释是顺其自然、小富即安，其实内心知道自己在蹉跎岁月、虚度年华。

直到2016年，有两件事情促使我读了很多书，让我有了很大的改变。

第一件事是去年侄女上大学了，高考有些没有发挥好。到了大学后，我作为长辈，作为校友，自然扮演起心灵导师的角色，但是常常力不从心。慢慢地，我开始没有自信了，回答得太单薄，语言和思想极度匮乏，意识到自己需要充电了。

第二件事，自己遇到了职业生涯中从没遇到的情况，我今年开始彻底坐冷板凳了，业务慢慢转移了，自己没事情可做了。

我开始考虑是不是可以离开了。制作简历的时候，整理这几年的业绩时却发现：没有像样的课题、论文、专著，没有拿得出手的成果，也没有培养什么像样的技能，英语全忘光了，我还能做什么？

知识淘汰得太快了，当我一把年纪时说从头开始的时候，恐惧、懊恼、后悔都来了。还不算太晚，是时候该多读书了。

读书改变了我，通过读书，我经历了以下几个阶段的改变：

第一阶段：起步

刚开始时，我看一会儿电子书就哈欠连天，翻完一本书都困难。无意中看到《番茄工作法》，便开始练习25分钟不走神。当时间都浪费在微信和网络上时，还谈什么学习？这个时候的我，像刚刚找到一艘破船，修修补补，下水试试状况，还能开。

第二阶段：发展

买了一堆书，挑选的标准是：简单、通俗、易懂，以一天能翻完为准。但因为不做笔记，看完后，除了书中有些观点对自己有所触动以外，几乎没有留下什么深刻印象。

这个时候的我，像刚刚开始航行的水手，在一步步摸索操作工具和方法，应付着各种突发情况。

第三阶段：成型

完成了差不多100本书的阅读，包含了以下几个主题：时间管理、阅读、记笔记以及如何学习。我开始动笔墨读书了，包括做思维导图笔记，写主题阅读的心得体会，也开始把自己的体会传授给别人。

这就像是在大海中航行步入正轨，风平浪静，蓝天白云，有点优哉游哉的感觉。

第四阶段：实践

选择了两个资格类的考试做实践，看看书中的技巧和方法哪些可以实际应用，哪些效果还不错，哪些华而不实，或者是不适合我。

这个时候的我，就像是专门跑到危险的旋涡区域去锻炼自己的航海技能，看看自己有多少能耐，能否驾驭。

第五阶段：新起点

考试结束后，再翻开书，好像没有目标了，不会安排自己的生活了。我开始思考：我需要选什么书读？怎么读？达到什么目的？我在什么领域有所突破？反思、总结是这个阶段的任务。我摸索出适合自己的模式，是开辟一个新的航海路线的时候了，必须要离开自己熟悉的领域，去拓展新的广阔天地。

一年以来，读书给我带来了以下改变：

首先是观念的改变。

一是不再抱怨，有作天作地的劲儿，不如多读几本书，给自己的大脑储蓄能量；二是不再攀比，和别人攀比，要么是心态扭曲，负面情绪爆棚，要么是不想行动；三是价值观回顾，常常思考什么是自己最渴望追求的，我想为这个世界做些什么，什么是人生的大事，什么是值得尊敬的人生。

其次是习惯的改变。

一是养成了阅读和定期运动的习惯，一日不读书、一日不运动就不舒服；二是养成了写读书笔记的习惯，这对锻炼思维、厘清思路、指明方向都非常有帮助；三是断断续续坚持早起和写日记。

最后是突破舒适区。

读书后的好处就是敢于突破自己：以前不敢去健身房，总觉得那是个封闭、压抑的地方，现在看了书后请私教也觉得是平常的事情；以前总觉得做菜好吃是个难以完成的任务，现在按照书上的步骤，不断实践，也能烧几个好菜了；以前很害怕当众演讲、做PPT之类的东西，现在看了书，书上有答案，总是有办法，一步步跟着操作就行。

有书相伴，我的生活才有改变。